아보카도와 함께하는
100가지 레시피

아보카도와 함께하는 100가지 레시피

선택에서 손질, 요리법까지

Love Avocado

사토 슌스케 지음 | 정혜주 옮김

숨쉬는 책공장

시작하며

"아보카도는 익혀 먹어도 맛있군요."

제 레스토랑을 찾은 많은 분들이 이렇게 말씀해 주셨습니다.

저는 아보카도 레스토랑 'madosh!cafe'를 2007년에 오픈했습니다. 그리고 샐러드나 월남쌈 등 본연의 맛을 즐길 수 있는 메뉴와 함께, 볶거나 조리거나 튀기는 아보카도 요리를 많이 갖춰 놓았습니다. 아보카도는 익히면 갓 찐 감자처럼 말랑말랑하고, 지방이 많은 다랑어처럼 윤기가 좌르르 흐르는 등, 뭐라 형용할 수 없는 맛을 느끼게 합니다.

게다가 아보카도는 과일이라서 간장만 뿌려도 맛있습니다. 하지만 맛있는 아보카도를 먼저 골라야겠죠. 아보카도에 어느 정도 익숙해지기 전까지 '먹기 좋은' 아보카도를 고르는 일은 쉽지 않습니다. 저도 매일 몇백 개나 되는 아보카도를 다루고 있지만, '먹기 좋은' 아보카도라고 생각해 잘라 보면 조금 빨랐구나…… 싶을 때가 지금도 자주 있습니다.

그래서 아직 완전히 숙성이 되지 않은 아보카도, 먹기 딱 좋은 아보카도, 어떤 아보카도라도 맛있게 먹을 수 있는 아보카도 요리를 이 책에 담았습니다. 어려운 요리는 없습니다. 매일 먹는 밥과 아보카도가 잘 어우러질 수 있도록 익숙한 반찬을 중심으로 소개했습니다.

이따금 '아보카도와 맞지 않는 요리가 있을까요?'라는 질문을 받을 때가 있습니다. 아보카도 마스터로서 몇백 가지의 아보카도 요리를 시험 삼아 만들어 봤지만, 맞지 않는 요리는 지금까지 없었습니다. 아보카도를 사용하면 맛도 식감도 좋아져 만족도가 훨씬 높아집니다. 아보카도는 매끄러운 식감, 혀에 녹아드는 감촉, 크리미한 풍미를 지녔습니다. 과일인데도 고기나 생선 같은 존재감이 있고 영양이나 건강, 미용 효과도 뛰어납니다. 남녀노소에게 인기 있는 아보카도로 꼭 요리해 보시길 바랍니다. 분명히 매일 먹고 싶어질 겁니다.

아보카도 레스토랑 madosh!cafe

사토 슌스케

CONTENTS

CHAPTER 3 아보카도를 반찬으로!

CHAPTER 4 아보카도 한 접시와 밥!

CHAPTER 5 아보카도로 만든 드링크와 디저트!

이 책의 사용법

- 아보카도는 잘 익은 것을 사용합니다.
- 요리는 재료에 따라 만들기 쉬운 분량으로 소개합니다.
- 계량 단위는 1컵은 200cc, 계량스푼의 크기는 1큰술 15㎖, 1작은술은 5㎖, 1㎖는 1cc입니다.
- 전자레인지의 가열 시간은 700W를 기준으로 하고 있습니다.
- 전자레인지 및 오븐은 기종에 따라 가열 시간이 다르기 때문에, 상태를 보면서 조리해 주세요.
- 레시피에 나오는 올리브 오일은 엑스트라버진 올리브 오일로, 육수는 가다랑어로 낸 육수입니다.

아보카도 자르는 방법은 아래와 같습니다.

● 통째로

반을 잘라 껍질과 씨를 제거한 것을 통째로.

● 1/4

반으로 잘라 껍질과 씨를 제거한 것을, 한 번 더 반으로 자른다.

● 깍둑썰기

반으로 잘라 껍질과 씨를 제거하고, 칼로 깍둑썰기한다.

● 세로 초승달모양

반으로 잘라 껍질과 씨를 제거하고, 세로 초승달모양으로 자른다.

● 가로 초승달모양

반으로 잘라 껍질과 씨를 제거하고, 가로 초승달모양으로 자른다.

● 세로 슬라이스

반으로 잘라 껍질과 씨를 제거하고, 세로로 슬라이스한다

● 가로 슬라이스

반으로 잘라 껍질과 씨를 제거하고, 가로로 슬라이스한다.

● 어슷썰기

반으로 잘라 껍질과 씨를 제거하고, 한 번 더 4등분해서 비스듬하게 자른다.

● 둥글게 도려낸다

멜론 스쿱 등으로 과육을 둥글게 도려낸다.

● 으깬다

포크 등으로 으깨거나 푸드 프로세서[1]를 이용해 페이스트[2] 상태로 만든다.

● 기호대로

좋아하는 모양과 크기로.

---

1 food processor: 식품을 잘게 자르고 섞을 때 쓰는 기계.
2 paste: 갈거나 개어서 풀처럼 만든 식품.

아보카도 설명서

숲의 버터, 생명의 근원, 안티에이징 화장수, 천연 영양제……. 아보카도에는 매력적인 수식어들이 넘쳐 납니다. 하지만 결코 과장된 표현이 아닙니다. 아보카도에는 그렇게 불릴 만한 맛있고 건강한 효과들이 가득하니까요! 한 번 맛보면 이미 당신은 아보카도의 노예가 되고 말 것입니다. 맛있는 아보카도를 매일 먹다 보면 어느새 행복해지고, 건강해집니다. 그런 아보카도에 대해 제대로 알아보겠습니다.

안다

초콜릿색의 둥글둥글 계란형.
한 번 먹으면 중독되는 부드러움.
채소처럼 사용하는 과일입니다.

옅은 크림색의 과육은 '숲의 버터'
매일 먹고 싶은, 천연 화장수!

아보카도는 과일입니다. 맛이 깊고 크리미한 식감을 지녔습니다. 과육의 20%는 지방
분으로 '숲의 버터'로도 잘 알려져 있습니다. 맛에 개성이 강하지 않아서 어떤 식재료
나 조미료와도 잘 어울리고, 요리 또한 자유로이 변형할 수 있습니다. 아보카도는 중남
미가 원산지로, 세계 최대 산지는 멕시코입니다. 일본에서 유통되고 있는 아보카도의
99%가 수입품인데, 그 대부분은 멕시코산입니다. 일부는 칠리, 뉴질랜드산도 유통되
고 있습니다. 품종이 1,000개 이상이지만 일본에서 유통되는 것은 맛이 좋고, 수송에도
강한 단단한 껍질의 '하스(hass)'종입니다. 아직 덜 익은 푸른 상태에서 수확해 철저히
온도 관리를 하고, 약 한 달쯤 뒤에 식탁에 도착합니다.
아보카도는 녹나무과의 상록 활엽 교목으로, 열매는 1년이 지나야 얻을 수 있습니다. 9
월부터 이듬해 1월 무렵에 수확한 아보카도는 지방분이 불안정한 것도 많지만, 2~7월
즈음이 되면 잘 익은 것이 시장에 나옵니다. 그리고 뭐니 뭐니 해도 영양가가 높죠. 약
187kcal로 밥 한 그릇의 칼로리지만, 지질 대부분은 불포화 지방산이라서 콜레스테롤
걱정은 하지 않아도 됩니다. 게다가 비타민류, 식이섬유 등을 많이 포함해 건강과 미용
효과도 탁월합니다.

아보카도
기본 정보

[학명] Persea americana Mill.
[영명] Avocado, Alligator-pear
[별명] 악어배
[원산] 중남미
[외형] 진한 갈색의 약 10cm의 계란형

영양

건강해지고, 예뻐지고, 다이어트도 됩니다.
작은 알맹이에 가득한 아보카도의 힘.
매일 1/2개씩 드셔 보세요.

1
영양가는 높고, 다이어트에도 최적!

과육의 20%를 차지하는 지방분은 올레인산과 같은 불포화 지방산으로 LDL(저밀도 지방단백질)을 줄이는 효과가 있습니다. 콜레스테롤 흡수를 막는 베타시스테롤, 지방을 연소시키는 셀레늄도 풍부해서 다이어트에 좋습니다.

2
고혈압을 예방해 생활 습관병과 굿바이!

아보카도에 포함된 칼륨은 체내의 과잉 염분을 배출해 주기 때문에, 동맥경화를 일으키는 고혈압이나 심근경색도 예방합니다. 외식이 잦은 사람이나 염분의 과다 섭취가 신경 쓰이는 사람에게는 고마운 과일이죠.

3
비타민도 가득해 피부 미용에 효과가 좋습니다

혈액순환 촉진과 항산화 작용이 있는 비타민 E, C, A가 다량 함유되어 있어 안티에이징에도 효과가 있습니다. 게다가 부족해지기 쉬운 철분이나 칼슘, 피부의 노화 방지 효과가 있는 코엔자임 Q10도 많이 들어 있죠. 그야말로 먹는 화장수!

4
식이섬유가 많아 디톡스 효과도!

아보카도 1개에 포함된 식이섬유는 고구마 2개 분량입니다. 변비를 해소해 배를 깨끗이 비워 줍니다. 또 글루타티온이라는 해독에 좋은 펩타이드의 일종도 풍부해 간 기능 강화, 디톡스 효과도 있습니다.

5
비타민 B군은 건강의 근원!

생활 습관병을 예방하는 여러 비타민을 포함한 아보카도. 특히 동맥경화나 암 예방, 피로회복에 효과가 있는 비타민 B군이 가득하죠. 윤기 있는 피부와 머리카락을 만드는 비타민 B6도 풍부하게 들어 있습니다.

고른다

딱 먹기 좋아 보여서 잘랐더니 '어라?'.
사실 아보카도 고르는 일은 스릴이 넘치죠.
우선 맛있는 구분법을 살펴봅니다!

맛을 알게 되면 그만둘 수 없다!
먼저 껍질과 단단함을 보라.

아보카도를 잘라 봤더니 과육이 아직 푸르거나, 외관상 알맞게 익었음에도 질긴 경우가 있습니다. 아보카도는 두꺼운 껍질로 싸여 있어 맛있는 것을 고르기가 생각보다 어렵습니다……만, 포기하기에는 아직 이릅니다! 겉으로 구분할 수 있는 몇 가지 방법이 있습니다. 가장 쉬운 방법은 껍질 색깔을 확인하는 것입니다. 하스종은 익으면 껍질 색이 녹색에서 짙은 갈색으로 변합니다. 열매에 탄력이 있고, 껍질이 갈색이 된다면 먹기 좋은 상태입니다. 하지만 보기만 해서는 알 수 없기 때문에 반드시 열매를 만져서 부드러운지 확인해야 합니다. 그렇게 하는 사이에 잘 익은 아보카도를 만날 확률도 높아집니다. 가게에 따라서 아직 덜 익은 과일을 중심으로 판매하거나 사서 바로 먹을 수 있는 과일을 진열하는 등 진열 방법이 다양합니다. 보존 상태도 다르기 때문에 나와 맞는 과일을 파는 가게를 평소에 체크해 두는 것도 하나의 좋은 방법입니다.

GOOD!
떠 있는 느낌

GOOD!
손에 달라붙는
느낌

꼭지를 본다

껍질이 초콜릿색인 아보카도를 발견했다면, 꼭지를 체크합니다. 꼭지 주변이 건조해서 껍질과 살짝 떠 있는 느낌이 드는 것이 먹기 좋은 아보카도죠. 꼭지 주변이 말랑말랑하다면 열매가 산화해서 거무스름해졌거나, 균이 들어갔을 수도 있습니다(상한 부분을 도려내면 먹을 수 있습니다).

만져 본다

살짝 손에 쥐었을 때, 아보카도 전체가 손에 착 감기는 느낌이 들면 먹기 좋다는 사인. 아직 파란 아보카도에는 단단함이 있습니다. 어느 부분만 부드럽다는 것은 부딪혀 상했을 수도 있다는 뜻이므로 요주의.

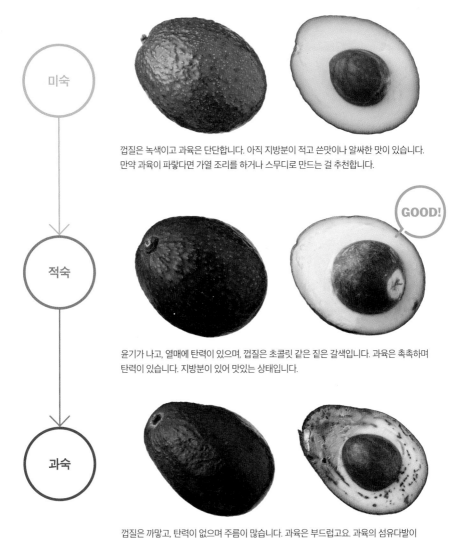

미숙

껍질은 녹색이고 과육은 단단합니다. 아직 지방분이 적고 쓴맛이나 알싸한 맛이 있습니다. 만약 과육이 파랗다면 가열 조리를 하거나 스무디로 만드는 걸 추천합니다.

GOOD!

적숙

윤기가 나고, 열매에 탄력이 있으며, 껍질은 초콜릿 같은 짙은 갈색입니다. 과육은 촉촉하며 탄력이 있습니다. 지방분이 있어 맛있는 상태입니다.

과숙

껍질은 까맣고, 탄력이 없으며 주름이 많습니다. 과육은 부드럽고요. 과육의 섬유다발이 검은빛을 띠고 맛도 떨어집니다. 곰팡이(사진 속 열매의 하얀 부분)가 생길 수도 있습니다.

NOT GOOD!

상처가 나거나 부딪힌 것

수확하거나 운송할 때 부딪힌 부분은 물러져 품질이 떨어지기도 합니다. 상처가 생기면 상할 가능성도 있죠. 가능한 한 상처가 없는 것을 고르는 것이 좋습니다.

NOT GOOD!

껍질에 작은 구멍이 있는 것

아보카도에 사진처럼 벌레가 들어간 길이 생긴 경우가 있습니다. 상한 부분을 도려내면 스무디나 소스를 만들 때 사용할 수 있습니다.

추숙시킨다

가게에서 판매하는 모든 아보카도가 딱 먹기 좋은 상태라 할 수는 없습니다. 지금 먹기에 조금 빠를 것 같다는 생각이 든다면 추가 숙성을 합니다. 조금만 기다리면 맛있어집니다.

맛있는 아보카도를 먹으려면 타이밍이 중요!

아보카도는 수확한 순간부터 숙성이 시작됩니다. 잘 숙성한 것은 정말 맛있죠. 한편 숙성이 덜 된 것은 지방분이 적어 쓴맛이 납니다. '아보카도는 먹기 힘들다'라고 느끼신다면 어쩌면 숙성이 덜 된 아보카도를 드신 건지도 모릅니다. 아보카도는 수확 시기에 따라 지방분의 양이 다르기 때문에 맛있게 익을 때까지 도매점이나 소매점에서 추숙(익을 때까지 적정 온도로 유지하는 것)시킵니다. 슈퍼에서 일부러 덜 익은 것을 사서 자신의 취향에 맞게 추숙시키는 것도 방법입니다. 추숙에는·적정 온도가 중요합니다. 온도 변화가 없는 20℃ 전후의 장소에서 1~3일에 걸쳐 추숙시킵니다.

아보카도 철…… 아보카도는 구매하는 시기도 중요합니다. 멕시코산 아보카도는 수확하고 9월부터 이듬해 1월에 걸쳐 일본에 도착합니다. 이 기간의 아보카도는 숙성 방법이 개체마다 차이가 있고, 지방분이 적은 것도 있기 때문에 추숙법을 알아 두면 편리합니다. 지방이 올라 맛있는 시기는 2~7월입니다. 이 시기가 아보카도 철이라고 할 수 있습니다.

바나나와 같은 추숙 과일!

20℃ 전후에서 1~3일 두면…

아직 빠르다

지금이 적기!

추숙 방법

수건으로 감싼다

보통은 그날 바로 먹을 수 있는 상태의 아보카도를 사 오지만, 아직 익지 않은 파란 아보카도가 들어 있다면 상자째 수건으로 감싸서 에어컨 바람이 직접 닿지 않는 장소에 둡니다. 20℃로 설정한 전기담요로 감싸서 추숙시키기도 합니다.

냉장고 위

온도가 일정하게 유지되는 대표 장소로, 겹쳐진 수건과 같은 부드러운 천 위에 올려 둡니다. 아보카도는 아래에서부터 서서히 익어 갑니다. 바닥에 닿는 부분이 물러질 수 있기 때문에 이따금 굴려서 위치를 바꿔 줍니다. 냉장고 위라도 에어컨 바람이 닿는다면 온도 변화가 크기 때문에 적합하지 않습니다.

사과와 함께

아보카도를 에틸렌가스(과일이나 채소가 방출하는 숙성 호르몬)가 많이 발생하는 사과와 함께 종이봉투에 넣어 두면 숙성이 빨라집니다. 사과 하나에 아보카도 1~2개가 적당합니다.

추숙을 멈춘다

적정 온도는 4~5℃. 4℃ 이하 냉장 보관은 NG!

아보카도를 운반할 때는 추숙이 진행되지 않도록 4~5℃를 유지한다고 합니다. 4℃ 이하로 떨어지면 저온 장애로 인해 아보카도가 검은빛을 띱니다. 아보카도를 조금 더 보존하고 싶을 때는 4~5℃의 환경, 또는 4℃ 이하로 떨어지지 않는 야채실을 추천합니다. 추숙을 끝내고 그 상태로 2~3일 동안 보존합니다. 단, 가능한 한 빨리 드셔야 합니다.

벗긴다

씨가 큰 아보카도는 깎는 데에도 요령이 필요합니다.
하지만 매우 간단하죠! 누구나 예쁘게 깎을 수 있습니다.
과육은 물로 씻지 않아도 됩니다.

1 아보카도를 세로로 반을 자르듯이 칼을 넣습니다. 강하게 눌러서 찌그러지지 않도록 합니다.

2 칼날이 씨에 닿으면 그대로 아보카도를 한 바퀴 돌려 씨 주변에 칼집을 냅니다.

3 칼집을 넣은 아보카도를 양손으로 살짝 쥐고, 각각 반대 방향으로 비틉니다.

4 벌어진 아보카도를 살짝 떼어서 반으로 나눕니다. 이때 씨는 한쪽에 붙어 있습니다.

5 칼날을 씨에 꽂고, 가볍게 비틀어서 씨를 빼냅니다.

6 끝에서부터 껍질을 잡고 벗깁니다. 벗기기 어렵다면 다시 반으로 잘라 벗깁니다.

자른다

아보카도는 두께에 따라 식감이 달라집니다.
부드러운 식재료와 함께 사용할 때는 얇게 자릅니다.
요리에 따라 마음에 드는 방법으로 사용해 주세요.

1/2 통째로

1/2로 잘라 껍질을 벗겨도 되지만, 잘 익었다면 숟가락으로도 깔끔하게 떼어 낼 수 있습니다. 조림과 같은 요리에서 아보카도 형태를 그대로 즐기고 싶을 때 사용합니다.

껍질도 그릇으로!

좋아하는 식재료를 넣으면 근사한 오르되브르[3]

초승달 모양

껍질과 씨를 제거한 1/2의 아보카도를 세로로, 또는 가로로 잘라 초승달모양으로 만듭니다. 튀김이나 찌개, 일품요리를 빨리 만들 때 추천합니다.

아보카도 커터

커터를 껍질과 열매 사이에 넣어 힘을 주어 당기기만 해도 초승달모양이 됩니다. 요령이 필요하지만, 익은 아보카도에는 편리합니다.

둥글게 도려낸다

'멜론 포테이토 스쿱'을 사용하면 둥근 모양으로 도려낼 수 있습니다. 스쿱을 과육에 대고 힘을 주어 누른 뒤 돌리기만 하면 끝이거든요. 남은 과육을 스쿱으로 긁어모으면 남김없이 둥근 형태로 만들 수 있습니다.

슬라이스

반으로 자른 아보카도를 한 번 더 잘라서(즉 1/4로 잘라서), 가로, 세로, 사선 등의 좋아하는 형태와 두께로 슬라이스합니다. 월남쌈도 슬라이스해서 사용합니다.

숟가락으로도!

숟가락으로 과육을 얇게 떠내면 투박하게 슬라이스할 수 있습니다.

깍둑썰기

어떤 요리에도 어울리는 방법입니다. 껍질을 벗겨 잘라도 좋고, 껍질째 잘라서 그대로 도마에 놓으면, 도마에 얼룩이 묻지 않아 편리합니다. 손이 다치지 않도록 아보카도 아래에 행주를 깔아 두면 안심이에요.

3 hors-d´œuvre: 식욕을 돋우기 위해 식사 전에 나오는 간단한 요리. 또는 술안주로 먹는 간단한 요리.

보존한다

냉장고에서 추숙 스톱!
자른 뒤에는 빠르게!

딱 알맞게 익은 아보카도가 남았을 때, 그대로 두면 점점 익어서 물러집니다. 맛있는 상태를 유지하려면 냉장고에 넣어 둡니다. 2~3일은 그 상태를 유지할 수 있습니다. 또 자른 아보카도는 내버려 두면 단면이 검게 변색됩니다. 사과가 갈색으로 변하는 것과 마찬가지로 아보카도에 포함된 폴리페놀이 공기에 닿아 산화하고, 쉽게 갈변(갈색으로 변화)하기 때문입니다. 변색이 되면 풍미는 떨어지지만 먹어도 문제는 없습니다. 다만 보기에는 좋지 않겠죠. 바로 조리해서 먹는 경우가 아니라면 레몬이나 라임 과즙을 뿌려 색이 변하는 걸 막습니다. 변색하기 쉽기 때문에 아보카도는 마지막에 요리하는 것을 추천합니다. 덧붙여 '씨를 제거하지 않으면 변색을 막을 수 있다'라는 이야기가 있지만 그렇지 않습니다. 변색을 방지하려면 무조건 공기에 닿지 않아야 합니다. 하지만 가장 좋은 방법은 '바로 먹는 것'이겠죠!

통째로 보관한다

신문지로 감싸서 보존한다

아보카도를 그대로 냉장고에 넣어도 좋지만 냉장고 안에서는 건조해지기 십상입니다. 그래서 껍질과 꼭지 사이에 틈이 생겨 버리거나 꼭지 주변이 상하는 경우가 있습니다. 아보카도가 건조해지지 않도록 젖은 신문지로 감싼 후 비닐봉지에 넣어 냉장고에 보관하면 4~5일 정도는 맛이 떨어지지 않게 보존할 수 있습니다.

씨는 그대로

아보카도가 남았을 때는 레몬이나 라임 과즙을 뿌린 후
씨는 그대로 둔 채 랩으로 감쌉니다. 그리고 공기를 뺀 지
퍼백에 담아서 냉장고에 넣어 두면 2~3일은 유지됩니다.

냉동할 때는 슬라이스로

냉동할 때는 아보카도를 슬라이스해서 레몬이나 라임
과즙을 뿌린 뒤, 랩으로 싸서 지퍼백에 넣어 냉동합니다.
자연 해동해서 스무디 등으로 사용합니다. 퓌레 상태로
도 냉동할 수 있습니다.

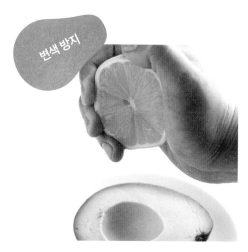

잘랐다면 바로 레몬을!

공기에 닿은 그 순간부터 변색이 시작되는 아보카도. 바
로 먹는 게 아니라면 레몬이나 라임 과즙을 뿌려 변색을
방지합니다. 레몬이나 라임 과즙은 천연 산화 방지제입
니다. 각각의 과일에 포함된 아스코르브산(비타민 C)의
환원 작용으로, 갈변을 어느 정도까지는 막을 수 있습니
다. 먹는 화장수인 아보카도에 비타민 C가 가득 담긴 레
몬 과즙을 뿌리면, 최강의 피부 미용 과일이 될 수도 있
겠죠?

> 신맛에 약하다면,
> 레몬보다 라임을 추천합니다.
> 아보카도에 레몬이나 라임의 맛을
> 느끼고 싶지 않을 때는 아보카도에
> 공기가 닿지 않도록 꼼꼼히 랩을
> 싸서 보존합니다.

멕시코의 아보카도 밭과 매일 아보카도 한 접시

사진 제공：Mai 카메라니

끝없이 이어진 아보카도 밭!
수확도 큰일입니다.

여기저기서도 과카몰리,
매일 먹는 단골 메뉴.

세계 최대의 아보카도 산지는 멕시코이지만, 그중에서도 중서부, 미초아칸주의 우루아판은 세계 생산량의 30% 이상을 생산하고 있습니다. 아보카도는 기온 차가 큰 해발 1,300~2,350m의 밭에서 자라고 있습니다. 나무 높이는 대개 약 5m이지만, 그중에는 25m 가까이 되는 것도 있죠. 높은 나무에 줄줄이 열리기 때문에 수확하는 것도 큰일입니다. 아보카도는 1,000개의 꽃에 하나밖에 결실을 맺지 못합니다. 수확한 뒤에는 철저한 온도 관리 아래 다른 나라로 여행을 떠납니다. 덧붙여 일본에 유통되고 있는 99%는 수입품이지만, 와카야마현 등에서도 재배하고 있습니다.

현지에서 널리 알려진 아보카도 먹는 법은 자른 아보카도에 소금을 뿌리는 것입니다. 스테이크하우스에서도 초승달 모양으로 자른 아보카도가 고기와 함께 제공됩니다. 또 하나 인기 있는 것이 과카몰리입니다. 다시 말해 아보카도 소스죠. 멕시코 식탁에 거의 매일 올라오고, 농장에서도 과카몰리와 토르티야 칩스를 안주 삼아 맥주와 함께 마시는 광경을 자주 마주합니다.
생아보카도는 으깨면 페이스트가 되기 때문에, 이유식으로도 안성맞춤입니다!

CHAPTER

2

아보카도를 그대로!

아보카도의 제대로 된 맛을 느끼려면 우선은 생으로 먹어야 합니다. 날것 그대로의 아보카도(저는 'Naked Avocado'라고 부르고 있습니다!)는 맛에 개성이 강하지 않아서 식재료나 조미료와 잘 어울려 아찔한 아보카도의 세계를 만끽할 수 있습니다. 아보카도는 씻지 않아도 되기 때문에 벗기고, 자르고, 버무려 식탁에 바로 올릴 수 있죠. 입안 가득 퍼지는 부드러움을 즐기시길 바랍니다.

얹다,
뿌리다

얹고 뿌리기만 하는 레시피.
간단한데도 꽤 훌륭합니다.

가쓰오부시 아보

라유 아보

아보 낫토

아보 타르타르

가쓰오부시 아보

궁합이 잘 맞는 간장으로
담백한 맛. 밥과도 잘 어울린다!

가로 초승달모양

+

가쓰오부시
간장

◎ **만드는 법**
아보카도를 가로 초승달모양으로
자르고, 가쓰오부시와 간장을 뿌린
뒤 실파 등을 뿌린다.
POINT 올리브 오일을 조금
뿌리면 가쓰오부시와 간장의
풍미가 살아납니다.

라유 아보

아보카도와 라유의 맛이
절묘하게 매치!

세로 초승달모양

+

라유

◎ **만드는 법**
아보카도를 세로 초승달모양으로
잘라 라유를 뿌린다. 기호에 따라
실고추를 장식한다.

아보 낫토

눅눅하고 끈적끈적한
식감에 중독.

깍둑썰기

+

낫토

◎ **만드는 법**
아보카도를 깍둑썰기한 뒤,
간장을 넣고 잘 섞은 낫토와 양파
슬라이스, 겨자를 적당량 얹어
김가루를 뿌린다.

아보 타르타르

마요네즈와의 조합은 최고.

둥글게 도려낸다

+

타르타르소스

◎ **만드는 법**
아보카도를 둥글게 도려내 접시에
담고, 시판용 타르타르소스[4]를
뿌린다. 기호에 따라 레몬이나
고수를 장식한다.
POINT 타르타르소스에 참치를
섞으면 포만감이 올라갑니다.

아보카도가
그 맛으로!

1

2

3

회 느낌 그대로

조미료와 함께 즐기는 자신만의 '회' 3종 세트.
통풍이나 당뇨병 등 건강이 걱정되는 사람들도 아보카도라면 안심!
완전히 익은 아보카도를 사용하면 진짜 회에 가까운 맛을 즐길 수 있습니다.

1. 간 회

간 회가 그리운 때에!

◎ **만드는 법**
아보카도를 회 두께의
초승달모양으로 잘라
생강, 다진 마늘,
흰머리파, 트레비소[5]
(또는 양상추)를
곁들인다.

2. 아귀 간

바다의 푸아그라!

◎ **만드는 법**
아보카도를 회 두께의
초승달모양으로 잘라
폰즈[6]를 적당량 뿌린다.
쪽파를 잘라 뿌리고,
모미지오로시[7]를
곁들인다.
POINT 니가타 명물인
매운맛 조미료 '간즈리'도
잘 맞습니다.

3. 참치

다랑어 같은 식감!

◎ **만드는 법**
아보카도를 회 두께의
세로 초승달모양으로
자른 후 간장을 적당량
뿌리고, 고추냉이나
차조기잎, 무즙을
곁들인다.
ARRANGE 올리브
오일을 뿌리면
카르파초[8]풍이 됩니다.

4 tartar sauce: 마요네즈에 계란과 채소 등을 넣어 만든 소스.
5 treviso: 치커리의 한 종류인 이탈리아 채소로 잎은 붉은색이고 잎맥은 흰색이다.
6 ポン酢: 감귤류의 과즙으로 만든 일본의 대표 조미료.
7 紅葉おろし: 홍당무나 빨간 고추를 강판에 간 것을 넣은 무즙.
8 carpaccio: 육류나 생선을 날것 그대로 얇게 슬라이스해 레몬과 올리브 오일을 뿌린 뒤,
　　케이퍼나 양파를 올려 먹는 이탈리아의 애피타이저.

일단 한 접시

조리 시간 5분 미만!
안주로 먹어도 딱이죠.

어슷썰기 + 팽이버섯

아보 팽이버섯

의외의 조합이지만, 끈적끈적한 느낌이 일품!

◎ **만드는 법**
어슷썰기한 아보카도에
팽이버섯을 좋아하는 만큼 올린다.

둥글게 도려낸다

+

젓갈 + 고수 + 참기름

아보 젓갈

매콤한 맛과 참기름 향에
나도 모르게 과식하게 됩니다.

◎ **만드는 법**
둥글게 도려낸 아보카도에 참기름을
적당량 뿌린다. 젓갈(또는 김치),
대충 잘게 썬 고수를 좋아하는 만큼 담는다.

깍둑썰기 + 안초비 + 셀러리

아보 셀러리

아삭아삭 씹히는 사르르한 식감.
화이트와인과 함께.

◎ **만드는 법**
1cm로 깍둑썰기한 아보카도와
셀러리, 안초비(아보카도 1/2개에 안초비 1장을
잘게 다져서 페이스트 상태로 한 것),
올리브 오일, 레몬즙을 뿌린다.

어슷썰기 + 오징어젓갈

아보 오징어젓갈

전문가들이 좋아하는 맛.
일본술과도 잘 어울립니다.

◎ **만드는 법**
어슷썰기한 아보카도에 오징어젓갈을 올린다.
오징어젓갈은 염분에 따라 양을 조절한다.
기호에 따라 유자 껍질을 올린다.

아보카도를 그릇으로

씨를 뺀 자리에 재료를 넣기만 해도
근사한 오르되브르 완성.
숟가락으로 저어 가며 먹습니다.

아보 온천란

노른자가 담긴 아보카도는 행복이 넘친다!

◎ **재료**
아보카도 … 1/2개(껍질 포함)
온천란 … 1개 / 양송이버섯 … 1/2개
암염(또는 소금), 흑후추, 세르퓌유[9] … 각 적당량

◎ **만드는 법**
① 아보카도는 씨를 제거하고, 움푹 팬 구멍에
   온천란을 깨뜨려 넣는다.
② 슬라이스한 양송이버섯을 얹고 암염과
   흑후추를 뿌린 뒤, 세르퓌유를 올린다.

아보 연어알

연어알이 듬뿍 담긴 것만으로도 파티 그 자체!

◎ **재료**
아보카도 … 1/2개(껍질 포함)
연어알 … 1~2큰술
래디시 … 슬라이스 2~3장
간장, 올리브 오일, 고추냉이, 파의 싹
… 각 적당량

◎ **만드는 법**
① 아보카도는 씨를 제거하고, 움푹 팬 구멍에
   연어알을 넣는다.
② 간장과 올리브 오일을 뿌리고, 래디시[10]와
   고추냉이, 파의 싹을 올린다.

9 cerfeuil: 미나릿과의 식물로 달콤한 향기를 지닌 향신료의 일종.
10 radish: 유럽이 원산지인 작고 빨간 무.

참치 바질 아보

참치캔으로 바로 만드는 즉석 오르되브르.

◎ **재료**
아보카도 … 1/2개(껍질 포함)
참치, 마요네즈 … 각 1큰술
바질잎 … 2장
올리브 오일, 올리브 열매 … 각 적당량

◎ **만드는 법**
① 바질잎 1장을 새끼손가락 손톱 크기만 하게
    뜯어 참치, 마요네즈와 버무린다.
② 아보카도는 씨를 제거하고, 구멍에 ①을
    넣는다. 올리브 오일을 적당량 뿌리고, 바질잎,
    슬라이스한 올리브를 올린다.

연어 치즈 아보

감칠맛이 더해지면 풍미도 수북수북.

◎ **재료**
아보카도 … 1/2개(껍질 포함)
훈제연어 … 20~30g
크림치즈 … 20~30g
소금, 흑후추, 레몬, 딜 … 각 적당량

◎ **만드는 법**
① 훈제연어와 크림치즈를 각각 잘게 잘라서
    버무린다.
② 아보카도는 씨를 제거하고, 움푹 팬 구멍에
    ①을 넣어 소금, 흑후추를 뿌린다. 레몬과 딜을
    올린다.

무친다

아보카도와 오크라 매실무침

냉두부에 올리거나, 낫토와 버무려도 좋습니다.
일본술과도 잘 맞기 때문에 안주로도 그만이죠.

깍둑썰기

◎ **재료(2인분)**
아보카도 … 1/2개
오크라 … 4개
우메보시 … 2~3개
간장 … 2~3큰술
참깨, 김 … 각 적당량

◎ **만드는 법**
① 아보카도는 껍질을 벗기고 깍둑썰기한다. 오크
라는 1%의 소금을 넣은 물(분량 외)에 살짝 데
쳐 동그랗게 썬다.
② 우메보시는 씨를 발라내고, 손으로 작게 뜯어
①과 간장을 섞은 뒤, 참깨를 뿌려 버무린다. 그
릇에 담고, 손으로 뜯은 김을 올린다.

아보카도와 호박무침

요거트 베이스로 양념해 안심하고 깔끔하게 먹을 수 있는 샐러드.
색깔도 예쁘기 때문에 빵에 바르거나 밥을 곁들여도 좋아요.

깍둑썰기

◎ **재료(2인분)**

아보카도 … 1/2개 / 호박 … 1/4개

건포도 … 10g

Ⓐ ┌ 요거트 … 2큰술
 └ 마요네즈 … 2큰술 / 소금 … 1꼬집

소금, 흑후추 … 각 적당량

래디시, 세르퓌유 … 기호대로

─ **POINT** ─

아보카도 형태에 따라 맛이
달라집니다.
깍둑썰기를 하면 아보카도 식감을
즐길 수 있고, 호박과 함께 으깨면
좀 더 크리미한 맛을 느낄 수
있습니다.

◎ **만드는 법**

① 아보카도는 깍둑썰기한다.

② 호박은 껍질을 벗기고, 씨와 심을 제거한
뒤, 한입 크기로 자른다. 살짝 데치고(또는
전자레인지에 돌린다), 뜨거울 때 포크 등
으로 으깬다.

③ 호박을 어느 정도 식힌 후 ①과 건포도, Ⓐ
를 섞은 후 소금, 흑후추로 맛을 조절한다.

④ 그릇에 담고, 기호에 따라 래디시와 세르퓌
유를 뿌린다.

아스파라거스 그릴 아보 카르보나라소스

맛이 강하지 않은 아보카도는 사실 소스 재료로도 딱이에요!
이 소스는 파스타나 치킨 소테[13] 등의 그릴 요리에도 잘 어울립니다.

깍둑썰기

◎ **재료(2인분)**

아보카도 … 1/2개 / 방울토마토 … 1개
아스파라거스 … 녹색과 흰색을 각각 2개

Ⓐ (소스)
- 계란 … 1개 / 소금 … 1꼬집
- 그라나파다노 치즈 … 2큰술(1cm 사각)
  (없으면 파르메산 치즈)
- 올리브 오일 … 4~5큰술

올리브 오일, 흑후추 … 적당량

┌ **POINT** ──────────

소스는 온도가 중요!
소스가 잘 배어들도록
사르르 녹을 때까지
약불로 천천히 익힙니다.

◎ **만드는 법**

① 아스파라거스는 뿌리 쪽 단단한 부분을 자른
후 껍질을 벗긴다. 살짝 데쳐서 올리브 오일을
두른 프라이팬 또는 그릴에서 노릇노릇해질 때
까지 굽는다.

② 아보카도는 5mm로 깍둑썰기하고, 방울토마토
는 4등분한다.

③ Ⓐ를 섞은 뒤 프라이팬에서 약불로 천천히 굽
는다. 걸쭉해지면 아보카도와 방울토마토를 넣
고 부서지지 않도록 천천히 섞는다.

④ 그릇에 ①을 담은 후, ③을 올려 흑후추를 뿌린다.

---

13 sauté: 고기나 채소류를 기름, 버터 등으로 볶거나 또는 볶
아서 굽는 조리법, 또는 그 요리.

아보카도와 발사믹 양배추 치즈무침

사르르 녹는 아보카도와 아삭아삭 씹히는 양배추의 식감이 조화를 이룹니다.
치즈의 짠맛이 발사믹의 새콤달콤함을 돋보이게 합니다.

둥글게 도려낸다

◎ **재료(2인분)**

아보카도 ··· 1/2개

양배추 ··· 아보카도와 같은 양

발사믹 식초 ··· 100~120cc

소금 ··· 2작은술

올리브 오일 ··· 적당량

그라나파다노 치즈 ··· 적당량

(없으면 파르메산 치즈)

┌**POINT**─

간단한 반찬으로도!

소금을 뿌린 양배추와 발사믹
식초로 간단하게 사워크라우트[14]를
만들 수 있습니다. 고기 요리와
함께 곁들이면 딱 맞습니다.

◎ **만드는 법**

① 아보카도를 둥글게 도려낸다.

② 양배추는 채친다. 소금을 뿌리고 물기를 잘 빼
둔다.

③ 발사믹 식초를 프라이팬에 넣고 중불로 끓인
뒤, 걸쭉해질 때까지 프라이팬을 흔들면서 알
코올을 날린다.

④ ①~③을 버무리고 그릇에 담는다. 기호에 따라
그라나파다노 치즈를 뿌린다. 먹기 직전, 맛을
내기 위해 올리브 오일을 뿌린다.

14 sauerkraut: 잘게 썬 양배추를 발효시켜 만든 시큼한 맛의
독일식 양배추절임.

샐러드

아보카도 시저 샐러드

치즈와 안초비가 어우러진 농후한 소스가 아삭아삭 양배추와
끈적끈적한 아보카도를 절묘하게 연결해 줍니다. 와작와작 씹는 식감이 그만이죠.

어슷썰기

◎ **재료(2인분)**

아보카도 … 1개 / 양상추 … 1/2개
방울토마토 … 1개 / 온천란 … 1개
토르티야 칩스 … 1장(없으면 크루통[15] 등)
딜 … 기호대로

Ⓐ
(드레싱)
- 안초비 … 1장(잘게 썰어 둔다)
- 반숙란(또는 생계란) … 2개
- 화이트와인비니거[16] … 2큰술
- 그라나파다노 치즈 … 2큰술
  (없으면 파르메산 치즈)
- 타바스코 … 1큰술
- 마늘 … 1/2쪽(다진 것)
- 샐러드유 … 적당량

◎ **만드는 법**

① 아보카도는 얇게 어슷썰기한다.
② Ⓐ를 푸드 프로세서로 한데 섞는다.
③ 양상추를 그릇에 담고, 아보카도의 반을 양상
추 사이에 끼워 넣는다. 4등분한 방울토마토를
올린다.
④ 양상추 옆에 온천란을 곁들이고, ②를 얹는다.
⑤ 남은 아보카도를 양상추 위에 얹고, 부순 토르티
야 칩스를 뿌린다. 기호에 따라 딜을 장식한다.

15 croûton: 빵을 주사위모양으로 썰어 기름에 튀기거나 오븐
으로 구운 것. 주로 수프 위에 띄워 먹는다.
16 whitewine vinegar: 화이트와인을 발효시켜 만든 식초.

아보카도 콥 샐러드

자르고 무치기만 했을 뿐인데도, 접대에 그만인 화사한 샐러드.
베이컨이 들어가 있어 꽤 든든합니다. 과일을 사용하면 디저트 샐러드가 되죠!

깍둑썰기

◎ **재료(2인분)**

아보카도 … 1개 / 토마토(대) … 1개
오이 … 1/2개
블록 베이컨 … 100~150g
삶은 계란 … 2개 / 딜 … 기호대로
Ⓐ (오로리소스[17]) 마요네즈, 케첩 … 각 5큰술

◎ **만드는 법**

① 아보카도는 1cm로 깍둑썰기한다.
② 토마토, 오이, 소테해 둔 베이컨, 삶은 계란은
　각각 아보카도와 같은 크기로 깍둑썰기하거나
　대충 썬다.
③ ①과 ②를 섞어서 그릇에 담고, Ⓐ의 오로리소
　스를 뿌린 뒤 기호에 따라 딜을 장식한다.

┏ **POINT** ━

단골 메뉴! 오로리소스
다진 마늘을 넣으면
풍미가 깊어지고,
채소의 감칠맛을
느낄 수 있습니다.

사실은 미국 요리!
콥 샐러드(Cobb salad)의 '콥'은 사람 이름입니다.
할리우드 레스토랑 주인이었던 로버트 H. 콥 씨가
1937년에 고안한 레시피로, 지금은 미국의 인기
요리로 자리 잡았습니다. 반드시 아보카도를
써야 하기 때문에 아보카도 요리의 스테디셀러가
되었습니다.

17 aurore sauce: 사우전드 아일랜드 드레싱의 기본 소스로
분홍빛을 띤다.

아보카도 빵빵지 샐러드

농후한 참깨소스와 아보카도가 담백한 닭고기 맛에 깊이를 더해 줍니다.
차갑게 식힌 면 위에 올리면 여름에 제격인 빵빵지[18] 냉면이 됩니다.

가로 초승달모양

◎ **재료(2인분)**

아보카도 … 1개 / 닭가슴살 … 1장
토마토(대) … 1개 / 오이 … 2개
소금 … 2작은술 / 무순, 실고추 … 기호대로

(빵빵지 장국)

Ⓐ
간장 … 3큰술
두반장 … 1큰술
지마장[19](또는 참깨 페이스트) … 3큰술
쌀식초(또는 식초) … 3큰술
마늘 … 1/2쪽(다진 것)
생강 … 1/2쪽(다진 것)

◎ **만드는 법**

① 닭가슴살은 껍질을 벗긴다.
② 냄비에 물 2~3ℓ(분량 외)을 담고 끓인 후 ①과 소금을 넣는다. 바로 불을 끄고, 40분 정도 둔다.
③ 고기가 부드러워지면 꺼내서 냉장고에 넣어 식힌다. 그 뒤 1cm 폭으로 슬라이스 한다.
④ 아보카도는 가로 초승달모양으로 자르고, 토마토는 가로로 슬라이스, 오이는 채친다.
⑤ 그릇에 토마토를 나란히 담고, 그 위에 ③과 아보카도를 번갈아 놓는다. 주변에 오이를 곁들이고, Ⓐ를 뿌린다. 기호에 따라 무순과 실고추를 얹는다.

---

18 棒棒雞: 닭고기를 삶은 후 가늘게 찢어 위에 소스를 뿌려 먹는 중국 쓰촨의 냉채 요리.
19 芝麻醬: 깨를 이용해 만든 소스.

아보 포테이토 샐러드

향미 채소나 훈제란 등, 숙성된 향이 식욕을 돋우는 어른을 위한 포테이토 샐러드.
아보카도와 고등어를 사용하면 샐러드, 반찬, 안주가 한 그릇 완성됩니다.

깍둑썰기

◎ **재료(2인분)**

아보카도 … 1개

감자 … 2개

고등어 … 1/2토막

훈제란 … 2개

Ⓐ
┌ 마요네즈 … 5큰술
│ 소금 … 2작은술
└ 간장 … 1작은술

굵게 간 흑후추 … 1꼬집

실파, 생강 … 기호대로

◎ **만드는 법**

① 감자는 대나무 꼬치가 쑥 들어갈 정도로 삶아서(10~15분), 껍질을 벗기고 1.5~2cm 깍둑썰기한다.

② 아보카도는 감자와 같은 크기로 깍둑썰기하고, 훈제란은 초승달모양으로 자르고, 고등어는 1cm 폭으로 슬라이스한다.

③ 볼에 ②와 Ⓐ를 한데 담아 아보카도가 부서지지 않도록 섞는다. 그릇에 담은 후 굵게 간 흑후추를 뿌린다. 기호에 따라 실파와 생강을 잘라 장식한다.

아보카도 버거 샐러드

맛은 있지만, 먹기는 어려운 아보카도 버거. 그래서 모든 재료를 깍둑썰기로 잘라
샐러드풍으로 만들었습니다! 햄버거 하나를 여러 사람과 함께 즐겁게 드세요!

어슷썰기

◎ 재료(2인분)

아보카도 … 1/2개 / 토마토(대) … 1개
새싹 … 1/2팩 / 오이 피클 … 3~4개
슬라이스 치즈 … 2장
햄버거용 빵 … 1개분(없으면 머핀 등)
샐러드유, 케첩 … 적당량

Ⓐ ┌ (햄버그 재료)
   │ 다진 고기 … 200g / 계란 … 1개
   │ 빵가루 … 3큰술 / 양파 … 1/2개
   └ 소금, 후추, 육두구[20] … 각 적당량

◎ 만드는 법

① Ⓐ를 한데 섞는다. 달궈진 프라이팬에 샐러드유
   를 두르고 중불로 양면을 구운 후, 뚜껑을 덮고
   불을 약하게 줄인다. 10분 정도 굽고, 다 익으면
   한입 크기로 자른다(햄버그는 시판용도 가능).
② 아보카도는 어슷썰기, 토마토는 깍둑썰기, 피클
   은 세로로 4등분한다. 슬라이스 치즈는 적당한
   크기로 뜯고, 빵은 2cm로 네모나게 자른다.
③ 새싹과 ①, ②를 버무려 그릇에 담고 기호에 따
   라 케첩을 뿌린다.

┌─ **POINT** ─────────────
여성도 먹기 쉽다!
볼륨이 있는 햄버거 재료를 잘게
잘랐습니다. 입안에서 아보카도
버거의 맛이 완성되죠!

20 肉豆蔻, nutmeg: 톡 쏘는 독특한 향이 있으며 약간 단맛이
나는데, 많은 종류의 구운 음식 등을 만드는 데 쓰인다.

아보카도와 바냐카우다

아보카도를 넣으면 소스가 걸쭉해지기 때문에 채소와 함께 먹기 좋습니다.
아보카도의 달콤함과 부드러움으로 색다른 맛을 낼 수 있어요!

◎ **재료(2인분)**

아보카도 … 1/2개
안초비 … 2장
마늘 … 2쪽
우유 … 100cc
올리브 오일 … 5~6큰술
소금, 후추 … 각 적당량
생채소 … 기호대로

POINT

씹히는 식감을 남깁니다!
아보카도는 너무 으깨는 것보다
형태를 조금 남기는 정도가 더 맛있습니다.

◎ **만드는 법**

① 마늘은 심을 제거한 후, 껍질째로 랩을 싸서 레인지에 돌린다.

② 아보카도는 깍둑썰기한다. 안초비는 식칼로 곱게 두드린다.

③ 작은 냄비에 올리브 오일을 두르고, 마늘과 안초비, 우유를 넣어 약불로 천천히 데운다.

④ 아보카도를 넣고, 나무 주걱으로 마늘과 함께 으깨고, 걸쭉해질 때까지 끓인다. 소금, 후추로 맛을 조절한다. 생채소에 찍어 먹는다.

월남쌈

똑바로 자르거나, 비스듬히 자르거나, 한 입 크기로 동그랗게 자릅니다. 월남쌈은 잘라서 단면이 보이게 담아야 예쁩니다. 자를 때는 꽉 잡고 한 번에 잘라 주세요. 칼을 물에 적셔서 사용하면 라이스페이퍼가 달라붙지 않고 쉽게 잘립니다. 하지만 대충 말고, 잘라도, 맛있어 보이는 것이 월남쌈의 매력이죠. 세세한 것에 신경 쓰기보다 자신만의 스타일로 완성해 보세요.

채소 듬뿍 월남쌈. 예쁘게 마는 요령!

어느 날 베트남을 여행했을 때 문득, '아보카도가 들어가면 맛있을 것 같다'는 생각이 들어 만들어 봤습니다. 슬라이스한 아보카도가 비늘모양으로 보이게 마는 겁니다. 간단한 방법으로 근사해지기 때문에 손님에게 대접하기에 그만입니다!

아보 월남쌈은 아보카도가 예쁜 비늘모양으로 보입니다.

\ 기본 월남쌈 만드는 법 /

아보카도를 자른다

슬라이스한 그대로 '모양을 유지하는' 것이 중요!

아보카도를 껍질째 8등분한다. (세로로 반으로 자르고, 다시 반을 자른다).

껍질을 벗긴다.

비스듬히 2~3mm 폭으로 슬라이스한다.

월남쌈용 아보카도 완성!

월남쌈을 만다

아보카도가 부서지지 않도록 '적당한' 힘 조절이 요령.

라이스페이퍼 중앙보다 위에 아보카도의 모양을 유지하며 올린다.

중앙보다 아래에 재료를 수평으로 올려놓는다. 처음에 채소, 그 위에 메인 식재료를 놓는다.

약간 내 앞쪽으로 당기면서 공기를 빼듯이 1~2회 힘을 주어 만다.

\ 라이스페이퍼 /

직경 22cm. 미지근한 물에 적셔 사용합니다.

아보카도를 손가락으로 살짝 누르면서 만다.

라이스페이퍼를 몇 cm 남긴 상태에서 좌우를 안쪽으로 접어 넣는다.

마지막으로 한 번 말면 완성. 아보카도가 예쁘게 보입니다!

월남쌈 리스트

월남쌈의 인기 메뉴를 소개합니다. 해산물이 중심이지만, 닭고기도 맛있고,
아보카도의 풍미가 깊어 채소만으로도 맛있게 먹을 수 있습니다.
자를 때 예쁘게 보이려면 재료의 분량이나 놓는 순서를 신경 써야 합니다.
참고해 주세요.

◎ **기본 재료**

라이스페이퍼 … 1장
아보카도 … 1/8개
서니 레터스[21] … 작게 뜯은 것 2~3장
양파, 오이, 당근 등은 기호대로

오징어

서니 레터스 ＋ 당근 ＋ 게

오징어를 소면처럼 가늘게 잘라 사용합니다.
차조기잎을 채 썰어 곁들이면 향기가 좋습니다!

[절임소스 변형]
남플라[22] ＋ 레몬즙으로 에스닉풍!

참치 낫토

서니 레터스 ＋ 차조기잎 ＋ 낫토 ＋ 참치 ＋ 파

작은 콩 낫토를 추천합니다.
남은 회로도 맛있게 만들 수 있습니다.

가다랑어 쌈

서니 레터스 ＋ 다랑어 ＋ 양파 ＋ 생강 ＋ 마늘

입안 가득 퍼지는 향미 채소의 풍미가 일품!
양파는 물에 헹궈서 매운맛을 없애고 사용합니다.

21 sunny lettuce: 양상추의 일종으로 잎이 넓으면서
도 주름이 졌다.
22 nam pla: 태국 조미료의 일종으로 작은 물고기를 소
금에 절여서 발효시킨 생선 간장.

절임소스의 기본은 '고추냉이 간장'

월남쌈의 단골 소스는 스위트 칠리소스지만, 중화소스나 오로리소스도 맛있습니다. 보통은 재료의 맛을 돋보이게 하는 고추냉이 간장을 자주 사용하는데, 깔끔한 맛이라 몇 개라도 먹을 수 있죠.

생햄 & 온천란

생햄 + 온천란 + 올리브 오일

생햄, 온천란, 숟가락으로 적당한 크기로 떠낸 아보카도를 올리고, 올리브 오일을 뿌려 상하좌우를 모아 줍니다.

게맛살

양상추 + 게맛살 + 당근 + 오이

평범한 식재료로 진수성찬의 요리를!

[절임소스 변형]
고추냉이 간장에 마요네즈를 살짝 섞으면 게맛살과 찰떡궁합.

훈제연어

서니 레터스 + 훈제연어 + 양파

단면의 오렌지색이 선명합니다. 연어알과 함께 연어를 같이 말면 보기에도 예쁩니다.

[절임소스 변형]
마요네즈 + 고추냉이
짠! 하고 오는 고추냉이의 뒷맛도 산뜻.

진하고 깊이 있는 맛! 아보카도소스

걸쭉한 아보카도의 크리미한 느낌을 만끽하려면 역시 소스로 만드는 게 제격이지요.
아보카도는 잘 익혀서 사용하면, 감칠맛이 우러나와 더 맛있습니다.

기본 소스 만드는 법

**심플!
아보카도소스**

아보카도
1/2개

레몬즙
1큰술

소금
2꼬집

레몬즙을 많이 넣기는 하지만,
아보카도의 부드러운 맛으로
시지 않습니다.

재료는 모두 푸드 프로세서로 섞어 페이스트 상태로 만듭니다. 아보카
도는 깍둑썰기로 잘라 나무 주걱으로 입자가 남을 정도로 으깨면 씹는
식감을 즐길 수 있습니다. 레몬에는 변색 방지 효과도 있습니다. 기본
소스에 원하는 재료를 넣는 것만으로 다양한 변주가 가능합니다.

+

좋아하는 재료

**다양한
곁들임!**

소프트 센베
바게트
토르티야 칩스
채소 칩스
채소 스틱

단골 메뉴는 채소 스틱. 소스가
있다면 채소도 잔뜩 먹을 수 있
습니다. 바게트 한쪽 면에 바르
고, 잘게 썬 채소나 과일을 얹으
면 간단한 카나페가 완성됩니
다. 의외로 잘 어울리는 것이 소
프트 센베. 소스를 바르면 염분
이 알맞게 순해집니다. 물론 소
스를 샐러드나 하얀 밥과 함께
먹어도 맛있습니다!

소스 레시피 7종

아보카도와 좋아하는 재료를 푸드 프로세서로 섞습니다. 메인 재료를 소스 위에 살짝 얹기만 하면 남은 것은 먹는 것뿐!

POINT
푸드 프로세서가 없다면 나무 주걱으로 으깨도 됩니다. 아보카도는 부드러워서 쉽게 으깨지니까요.

아보카도 참치

완벽한 황금 콤비.
참치캔을 사용할 때는 기름을 따라 낸다.

◎ 재료
아보카도 … 1/2개 / 레몬즙 … 1큰술
참치 … 1큰술 / 소금 … 2꼬집
후추 … 조금

아보카도 미소소스

캘리포니아 '아보카도 페스티벌'(2007)에서
2위를 수상한 일품요리를 간단하게!

◎ 재료
아보카도 … 1/2개
미소 … 1작은술
마요네즈 … 1작은술
레몬즙 … 1작은술

아보 연어

연어의 소금기가 딱 좋다.
훈제향의 구수함도 숨겨진 맛.

◎ 재료
아보카도 … 1/2개
훈제연어 … 2장(잘게 썰기)
간장 … 1큰술
케이퍼[23](또는 레몬즙) … 1작은술
딜 … 조금(잘게 썰기)

23 caper: 지중해 연안에서 자생하는 식물로, 꽃봉오리를 초절임해 향신료로 이용한다.

아보 크림치즈

깍둑썰기로 잘라 버무리기만 해도 맛있다.
소스로 만들면 좀 더 풍부한 맛.

◎ 재료
아보카도 ⋯ 1/2개 / 레몬즙 ⋯ 1큰술
소금 ⋯ 2꼬집 / 크림치즈 ⋯ 20~40g
간장 ⋯ 1큰술 / 흑후추 ⋯ 조금

아보 김

돌김이 없다면 시판용 김조림도 OK.
하얀 쌀밥에 올려 보자.

◎ 재료
아보카도 ⋯ 1/2개
돌김 ⋯ 1큰술
레몬즙 ⋯ 1큰술

아보 명란젓

명란젓의 염분이 아보카도의
단맛과 만나 깊은 맛으로!

◎ 재료
아보카도 ⋯ 1/2개
명란젓(몸 부분) ⋯ 1큰술
레몬즙 ⋯ 1작은술
올리브 오일 ⋯ 적당량

과카몰리

멕시코 요리인 살사의 일종.
토르티야 칩스의 영원한 파트너.

◎ 재료
아보카도 ⋯ 1/2개
방울토마토 ⋯ 3개(초승달모양 썰기)
양파 ⋯ 1큰술(잘게 썰기)
고수 ⋯ 1큰술(잘게 썰기)
라임즙 ⋯ 1큰술 / 커민[24] 파우더 ⋯ 조금
할라페뇨 ⋯ 1작은술(잘게 썰기)
소금 ⋯ 1꼬집

24 cumin: 커민의 씨를 이용해 만든 케밥 특유의 향이 나는 향신료.

아보카도 씨와 상자

아보카도 씨,
키우면 싹이 나올⋯⋯지도.

데구르르 동그란 아보카도 씨. 버리는 것이 아깝긴 하지만, 씨에는 독소가 있고 중독의 우려도 있어서 먹으면 안 됩니다. 하지만 키울 수는 있죠. 쉽게 키우려면 수경 재배를 추천합니다. 씨에 붙은 유분을 잘 씻어서 씨의 엉덩이 부분(둥글고 약간 하얀 쪽)을 물에 살짝 담급니다. 매일 깨끗한 물로 갈아 주고 느긋하게 기다리면 60일 후에 싹이 납니다. 모종을 심으면 관엽 식물로도 즐길 수 있죠. 싹이 나느냐 나지 않느냐는⋯⋯ 운에 맡기는 것으로!

상자 디자인이
근사합니다.

과일 가게에서 매일 매입하는 아보카도는 멕시코에서 한 상자에 24~30개들이로 포장된 상태로 납품됩니다. 이 상자의 디자인이 정말 화려하고 근사한데요. 제조회사마다 디자인이 다양합니다. 상자에는 '약 18~21℃에서 먹기 좋게 숙성시킵니다', '약 4~5℃ 정도에서 보관해 주세요'라고 추숙 온도나 보관 방법에 대해 쓰여 있습니다. 아보카도에 붙은 스티커도 꽤 화려하니까 한번 확인해 보세요.

CHAPTER

3

아보카도를
반찬으로!

어떤 식재료와도 잘 어울리는 아보카도. 끈적끈
적한 식감이 재료와 재료를 자연스레 연결해 주
기 때문에, 맛에 일체감이 우러나와 요리가 훨씬
맛있어집니다. 특히 익혔을 때의 말랑말랑한 느
낌이 일품이죠. 굽고 볶고 삶는 등 어떤 조리법도
맡겨만 주세요. 신기하게도 아보카도가 들어가면
평소에 먹는 반찬 맛이 몰라볼 정도로 바뀝니다.

볶는다
굽는다

아보 회과육

고기와 채소가 듬뿍 담긴 회과육.
깊은 맛과 잘 어울리는 아보카도에 진한 단맛과
매운맛의 소스가 어우러져, 밥도둑이 따로 없습니다…….
춘장이 없다면, 미소로 바꿔도 맛있게 만들 수 있습니다.

깍둑썰기

◎ **재료(2인분)**

아보카도 … 1/2개
얇게 썬 삼겹살 … 150g
양배추 … 1/8개
대파(파란 부분) … 1/2개분
생강 … 1/2쪽
마늘 … 1/2쪽
소금, 후추 … 각 적당량
샐러드유 … 2큰술

Ⓐ
(양념)
┌ 두반장 … 1/2작은술
│ 춘장 … 1과 1/2큰술
│ 간장 … 1큰술
│ 설탕 … 1/2큰술
└ 술 … 1큰술

카옌페퍼[25] … 기호대로

◎ **만드는 법**

① 아보카도는 1.5~2cm의 깍둑썰기, 삼겹살은 한 입 크기로 자른다. 양배추는 큼직하게 썰고, 대파와 생강, 마늘은 잘게 썬다.

② 프라이팬에 샐러드유를 두르고 중불에 올려 대파와 생강, 마늘을 볶는다. 향이 나오기 시작하면 삼겹살을 같이 넣고 볶는다.

③ 삼겹살이 익기 시작하면 양배추를 넣고 같이 볶는다.

④ 소금, 후추로 맛을 조절하며 Ⓐ를 강불에 살짝 볶는다.

⑤ 마지막에 아보카도를 넣고 모양이 부서지지 않도록 재빨리 섞어서 접시에 담고, 기호에 따라 카옌페퍼를 뿌린다.

---

25 cayenne pepper: 고추의 일종으로, 무척 매운 향신료 중 하나.

포크 진저 소테 아보 어니언소스

풍미 가득한 '양파 생강즙'을 흡수한 아보카도를 소스 대신 사용합니다.
고기의 감칠맛이 아보카도에 배어들면 돼지 생강구이가
소스 하나로 근사한 요리로 변신해요!

깍둑썰기

◎ **재료(2인분)**

아보카도 … 1/2개
돼지고기 등심 … 100g×2장
화이트와인(또는 맛술) … 6큰술
소금, 후추, 흑후추, 박력분 … 각 적당량
샐러드유 … 적당량
쪽파 … 적당량
감자 … 기호대로

Ⓐ ┌ 양파 … 1/2개(채친 것)
│ 생강 … 2작은술(다진 것)
│ 마늘 … 1/2작은술(다진 것)
│ 간장 … 6큰술
└ 설탕 … 2큰술

◎ **만드는 법**

① 돼지고기 등심에 소금, 후추로 밑간을 하고 박력분을 묻힌 후 잘 털어 낸다.
② 아보카도는 깍둑썰기한다.
③ 프라이팬에 샐러드유를 살짝 두르고, ①의 양면이 노릇노릇 구워질 때까지 소테를 한다.
④ 80% 정도 익으면, 키친타월로 프라이팬의 남은 기름을 닦아 낸다.
⑤ ④에 화이트와인을 넣고, 강불로 끓인다. 화이트와인의 알코올이 날아가면 돼지고기 등심을 꺼내고, Ⓐ를 넣고 중불로 익힌다.
⑥ 설탕이 녹으면 아보카도를 넣어 맛이 배어들게 하고, 소스가 걸쭉해지면 완성. 접시에 돼지고기 등심을 담고, 소스를 뿌린다. 흑후추와 잘게 썬 쪽파를 뿌린다. 기호에 따라 감자 소테를 곁들인다.

┌─ **POINT** ─────────

아보카도가 감칠맛을 흡수!
양파 생강즙을 아보카도에
잔뜩 흡수시킵니다. 고기를
소테한 프라이팬을 그대로
사용해 고기의 감칠맛이
아보카도에도 듬뿍 스며듭니다.

연어 소테 아보 타르타르소스

깍둑썰기

노릇노릇 구운 연어에 특제 '아보 타르타르'를 듬뿍 얹은 한 접시.
갓을 더한 수제 타르타르는 무엇이든 어울립니다.
든든해서 남성들에게도 인기 있죠!

◎ **재료(2인분)**

[아보 타르타르소스]
아보카도 ⋯ 1/2개(깍둑썰기)
⎧ 마요네즈 ⋯ 4큰술
⎪ 갓 ⋯ 2큰술(대충 잘게 다지기)
⎪ 구운 아몬드 ⋯ 1큰술(대충 잘게 다지기)
Ⓐ ⎨ 삶은 계란 ⋯ 2개
⎪ (흰자와 노른자를 나눠 잘게 다진다)
⎪ 소금 ⋯ 1/2작은술
⎩ 레몬즙 ⋯ 1큰술

[연어 소테]
연어 토막(조금 큰 것) ⋯ 2토막
소금, 후추 ⋯ 각 조금씩
박력분 ⋯ 1~2큰술
화이트와인 ⋯ 3큰술
버터 ⋯ 3g
샐러드유 ⋯ 적당량
부순 아몬드, 딜, 레몬 ⋯ 기호대로

[샐러드]
새싹 ⋯ 1/2팩
⎧ 소금 ⋯ 1꼬집
Ⓑ ⎨ 레몬즙 ⋯ 1작은술
⎩ 올리브 오일 ⋯ 3작은술
※ 새싹과 Ⓑ를 버무려 둔다.

ARRANGE

아보 치킨 난반
닭다리살에 튀김옷(81p)을 묻혀 튀깁니다.
난반소스(간장, 설탕, 식초)에 1분 정도 담가, 아보
타르타르소스를 뿌리면 치킨 난반이 됩니다. 굴튀김에
뿌려도 맛있습니다.

◎ **만드는 법**

[아보 타르타르소스를 만든다]
볼에 Ⓐ를 넣어 잘 섞은 후, 아보카도를 넣고 모양
이 부서지지 않도록 가볍게 버무린다.

[연어 소테를 만든다]
① 연어 토막은 키친타월로 물기를 제거하고 소
금, 후추로 밑간을 한 후 박력분으로 가볍게
털어 낸다.
② 프라이팬에 샐러드유를 두르고 중불로 ①을
굽는다. 노릇노릇하게 구워지면 뒤집어서 반
대쪽도 똑같이 굽고, 약불로 줄인 후 다시 뒤집
는다.
③ 키친타월로 프라이팬의 남은 기름을 닦아 내
고 화이트와인, 버터를 넣은 후 뚜껑을 덮는다.
연어가 속까지 익도록 그대로 2~3분 둔다.
④ 그릇에 샐러드를 담고, ③의 연어, 그 위에 아
보 타르타르소스를 얹는다. 기호에 따라 부순
아몬드, 딜, 레몬을 곁들인다.

POINT

재료를 섞을 뿐!
씹히는 식감의 아보
타르타르소스는 자유롭게
변형할 수 있습니다. 새우와
굴튀김이나 치킨 난반은 물론,
쌀밥에도 잘 어울립니다!

아보카도와 치킨 그라탱

아보카도와 파고기 미소구이

아보카도와 치킨 그라탱

세로 초승달모양

겨울에 먹고 싶은 따뜻한 요리.
녹색과 하얀색의 대비도 식욕을 돋웁니다.
닭 대신에 새우나 게를 사용해도 맛있습니다.

◎ **재료(2인분)**
아보카도 … 2개 / 닭다리살 … 200g
양송이버섯 … 2개 / 양파 … 1/2개
버터 … 30g / 박력분 … 4큰술
샐러드유 … 1큰술

Ⓐ
┌ (베샤멜소스)
│ 우유 … 400cc / 무염 버터 … 40g
│ 박력분 … 40g
│ 소금 … 2꼬집
│ 육두구 … 1/2작은술
│ 화이트 페퍼 … 1/2작은술
└ (시판용 베샤멜소스도 가능)
피자용 치즈 … 100g / 파슬리 … 적당량

◎ **만드는 법**
① 아보카도는 세로 초승달모양, 닭다리살은 먹기 좋은 크기로 자르고, 양파와 양송이버섯은 잘게 썬다.
② 프라이팬에 샐러드유를 두르고 중불로 닭다리살을 볶는다.
③ 고기 표면의 색이 바뀌었다면 양파를 넣고, 그 다음에 양송이버섯, 버터를 넣는다. 버터가 녹기 시작하면 불을 끈다.
④ 베샤멜소스를 만든다. 냄비에 Ⓐ의 버터와 박력분을 넣고 약불로 끓이고, 우유 50cc를 넣어 응어리가 지지 않도록 섞는다. 불을 살짝 올리고 남은 우유를 넣으면서 응어리가 지지 않도록 섞는다. 소금과 육두구, 화이트 페퍼를 넣고 걸쭉해지면 완성.
⑤ 내열 접시에 ④를 적당량 나눠 넣고, 아보카도와 ③을 나란히 놓은 후 피자용 치즈를 뿌린다.
⑥ 220℃의 오븐에서 살짝 눌을 때까지 10분 정도 굽는다. 파슬리를 뿌리면 완성.

아보카도와 파고기 미소구이

세로 슬라이스

향기롭게 구운 파에 깊이 있는 고기 미소구이를 올리고, 오븐에서 굽습니다. 파 이외의 채소에 미소를 얹어 굽는 것만으로도 맛있습니다.

◎ **재료(2인분)**
아보카도 … 1/2개 / 대파 … 1개
쪽파, 고춧가루 … 기호대로
샐러드유 … 적당량

[고기 미소](만들기 쉬운 분량)
다진 돼지고기 …250g
참기름 … 1작은술
샐러드유 … 적당량

Ⓐ
┌ 아와세미소[26] … 100g
│ 시로미소[27] … 25g / 미림 … 100g
│ 간장 … 1큰술 / 설탕 … 3큰술
│ 술 … 1과 2/3큰술 / 마늘 … 1쪽
└ 고춧가루 … 조금

◎ **만드는 법**
① 고기 미소를 만든다. 프라이팬에 샐러드유를 두르고 다진 고기를 넣어 중불로 익힌다. 수분이 없어져서 노릇노릇해질 때까지 볶고 나서 Ⓐ를 넣고 약불로 15분 정도 끓인다. 소스가 조금 굳는다 싶으면 참기름을 넣는다.
② 아보카도는 얇게 세로로 슬라이스한다. 대파는 3cm의 크기로 자른다.
③ 프라이팬에 샐러드유를 두르고, 대파를 노릇노릇해질 때까지 굽는다.
④ 내열 접시에 ③, 아보카도 순서로 나란히 놓고, ①의 고기 미소를 얹어 기호에 따라 쪽파나 고춧가루를 뿌린 후 220℃의 오븐에서 7분 정도 익힌다.

26 合わせ味噌: 미소를 두 가지 이상 섞은 것.
27 白味噌: 흰콩과 쌀로 쑨 메주로 담근 미소로 색이 옅고 단맛이 나서 주로 소스로 사용된다.

아보카도와 새우 칠리소스

밥도둑이 따로 없는 혀가 얼얼한 매운 반찬. 새우의 감칠맛이 아보카도에 배어들어,
부드러움이 향상됩니다. 조금 맵게 만들어서 차가운 맥주와 함께 드셔도 좋습니다.

세로 초승달모양

◎ 재료(2인분)

아보카도 … 1개 / 새우(조금 큰 것) … 10마리
대파 … 1/2개 / 사오싱주[28](또는 일본술) … 2작은술
계란 흰자 … 1/2개분 / 녹말가루 … 2작은술
소금, 후추, 튀김유 … 각 적당량
쪽파, 고추, 아몬드 … 기호대로

- Ⓐ
  - 마늘 … 1/2작은술(다진 것)
  - 생강 … 1/2작은술(다진 것)
  - 두반장 … 1작은술 / 샐러드유 … 1작은술

- Ⓑ
  - 토마토 … 1개(초승달모양)
  - 사오싱주(또는 일본술) … 1큰술
  - 닭 육수 분말 … 1작은술
  - 케첩 … 2큰술 / 간장 … 2큰술
  - 식초 … 1작은술 / 물 … 100cc

- Ⓒ
  - 물에 녹인 녹말가루 … 적당량
  - 참기름 … 1작은술

◎ 만드는 법

① 새우는 껍질을 벗기고 머리와 등 쪽에 있는 검
   은 내장을 제거하고 물에 씻은 뒤, 키친타월로
   물기를 뺀다. 소금, 후추를 뿌리고, 사오싱주에
   10분 정도 담가 둔 다음 계란 흰자와 녹말가루
   를 넣어 섞는다.
② 아보카도는 세로 초승달모양으로 자른다.
③ ①을 180℃의 튀김유로 바싹 튀긴다.
④ 냄비에 Ⓐ를 넣고 볶다가 향이 나오면 Ⓑ를 넣
   고, 끓기 시작하면 잘게 썬 대파와 Ⓒ를 섞어 소
   를 만든다.
⑤ ②③④를 버무려 그릇에 담고, 기호에 따라 쪽
   파나 고추, 아몬드를 뿌린다.

┌─ POINT ─
전자레인지를 사용하면 편리합니다.
아보카도는 조릴 때 부서지지 않도록 단기간에
익힙니다. 전자레인지로 돌리면 속까지 따뜻해지죠!

---

28 紹興酒: 중국 사오싱 지방에서 나는 양조주. 찐 찹쌀과 보리로 만든 누룩을 섞어서 발효시켜 여과해 만드는데 신맛이 나며 황갈색을 띤다.

아보카도와 버섯 버터 간장

버터 간장볶음에 아보카도를 넣으면 풍미가 올라옵니다.
차가운 화이트와인과도 잘 어울리고, 밥에 올려서 먹으면 확실히 맛있습니다!

통째로

◎ **재료(2인분)**
아보카도 … 1/2개 / 팽이버섯 … 1/2팩
만가닥버섯 … 1/2팩 / 새송이버섯 … 1/2팩
간장 … 4큰술 / 버터 … 10g
화이트와인 … 5큰술 / 물 … 50cc
샐러드유 … 적당량 / 백리향 … 기호대로

◎ **만드는 법**
① 팽이버섯과 만가닥버섯은 밑동을 자르고, 손으로 풀어낸다. 새송이버섯은 세로로 반을 잘라 슬라이스한다.
② 아보카도는 껍질과 씨를 제거한 뒤, 반으로 자른다.
③ 프라이팬에 샐러드유를 두른 후 중불에 올린다. ①을 넣고 버섯들이 노릇노릇해질 때까지 확실히 볶는다.
④ 냄비 가장자리부터 간장을 빙 돌려 넣는다. 다음으로 화이트와인을 빙 돌려 넣고 알코올을 날린 후 ②를 넣는다.
⑤ 물을 넣고, 버섯의 감칠맛이 아보카도에 배도록 국물을 숟가락으로 저으면서 볶는다.
⑥ 그릇에 아보카도를 담은 후 그 위에 버섯을 얹는다. 뜨거울 때 버터를 올리고 기호에 따라 백리향을 뿌린다.

POINT

아보카도는 직전에!
완성 직전에 아보카도를
넣고, 버섯의 감칠맛이 스며
나온 국물을 아보카도에 배게
합니다.

조린다

아보카도와 닭고기 화이트와인조림

보글보글 끓여서 닭고기의 감칠맛이 스며 나온 수프를 잔뜩 머금은 아보카도.
촉촉한 식감이 술을 부릅니다. 허브향이 나는, 근사한 레스토랑 식사입니다.

통째로

◎ **재료(2인분)**

아보카도 … 1개
닭다리살 … 300g
방울양배추… 6개(없으면 버섯 등)
감자 … 1개
블랙 올리브 … 6~8알
Ⓐ ┌ 양파 …1/2개
  │ 셀러리… 1/4개
  │ 마늘 … 1쪽
  └ 안초비 … 1~2장
로즈마리 … 줄기 1개
박력분, 소금, 후추 … 각 적당량
화이트와인 … 150cc
샐러드유 … 적당량

◎ **만드는 법**

① 닭다리살은 먹기 좋은 크기로 잘라 가볍게 소금, 후추를 뿌리고 박력분을 털어 낸다.
② 아보카도는 씨와 껍질을 벗겨 내고 반으로 자른다. 방울양배추는 세로로 반을 자르고, 감자는 껍질을 벗겨 2cm로 깍둑썰기한다.
③ Ⓐ를 모두 잘게 썬다.
④ 프라이팬에 샐러드유를 두르고 중불로 ③이 부드러워질 때까지 눌어붙지 않도록 볶는다.
⑤ 재료를 프라이팬의 가장자리로 옮기고, 샐러드유를 조금 더 두른 후 로즈마리를 넣는다. 기름에 향이 나면 ①을 넣고 양면을 노릇노릇하게 굽는다.
⑥ ②와 블랙 올리브, 화이트와인을 넣는다. 불기운은 그대로 유지하고, 육수가 나오면 재료에 끼얹으면서 끓인다.
⑦ 화이트와인의 알코올이 날아가고, 국물이 걸쭉해지면 완성(아직 부드럽다면 물을 더 넣고 끓인다).

┌─ **POINT** ─────────────────
첫맛은 옅게!
졸이면 맛이 진해지기 때문에, 처음엔 맛을 옅게 하고 마지막에 조절하면 맛있어집니다.

아보 라타투이

메인 요리가 되기도 하고, 고기 요리와 잘 어울리기도 하는
라타투이는 차갑게 먹어도 맛있습니다.
아보카도는 완성 직전에 넣으면 오렌지색 중간에
상큼한 녹색이 보여 보기에도 예쁩니다.

◎ **재료(4인분)**

아보카도 ⋯ 1개

가지 ⋯ 3~4개

Ⓐ ┌ 양파 ⋯ 1/2개
　　 주키니[29] ⋯ 1~2개
　　 빨간, 노란 피망 ⋯ 각 1개
　　└ 셀러리 ⋯ 1/2개

토마토 ⋯ 3~4개

마늘 ⋯ 1쪽

월계수 ⋯ 1장

Ⓑ ┌ 백리향, 로즈마리, 바질 ⋯ 조금

소금 ⋯ 1작은술

올리브 오일 ⋯ 6큰술

후추 ⋯ 조금

백리향 ⋯ 기호대로

◎ **만드는 법**

① 아보카도는 크게 깍둑썰기하고, 가지와 Ⓐ의 채소는 먹기 좋은 사이즈로 깍둑썰기, 마늘은 심을 제거하고 으깬다.

② 냄비에 올리브 오일(3큰술)을 넣고 중불에 올린 후, 물기 뺀 가지를 기름이 돌 때까지 잘 볶으면 일단 꺼낸다.

③ 올리브 오일(3큰술)을 넣고, 마늘을 넣어 아주 약불에 올린다. 마늘 향이 올라오면 Ⓐ를 볶는다. 깍둑썰기로 자른 토마토, 소금, Ⓑ를 넣고 뚜껑을 덮은 후 15~20분 끓인다.

④ 채소의 부피가 줄어들면, ②의 가지와 아보카도를 넣는다. 아보카도를 졸이다 모양이 부서지지 않도록 부드럽게 섞는다. 소금(분량 외), 후추로 맛을 조절하고 기호에 따라 올리브 오일(분량 외) 또는 백리향을 뿌린다.

ARRANGE

치킨소테 소스

토마토 양을 조금 많이 늘리면, 그대로 치킨소테 소스가 됩니다. 참치 스테이크와 잘 어울리죠. 언제나 화려한 식사가 되고, 채소가 많으면 영양 밸런스도 아주 좋으니 금상첨화입니다. 파스타 소스로도 쓸 수 있습니다.

---

29 zucchini: 애호박과 오이의 중간 형태를 띤 서양 호박.

아보카도 가지와 떡 튀김절임

가을의 단골 메뉴, 멘쓰유[30]를 사용하는 아주 간단한 레시피지만, 아보카도와 떡의
포만감도 있어서 한 접시로 한 끼 식사의 만족도를 느낄 수 있습니다!

깍둑썰기

◎ **재료(2인분)**

아보카도 … 1/2개

가지 … 1개

떡 … 1개

무즙 … 1큰술(또는 모미지오로시)

쪽파 … 1/2개

시판 멘쓰유 … 100cc

물 … 100cc

튀김유 … 적당량

참기름 … 기호대로

◎ **만드는 법**

① 아보카도는 조금 크게 깍둑썰기한다. 가지는
가로로 반으로 자르고, 한 번 더 세로로 4등분
한다. 떡은 십자 형태로 절단면을 넣고 4등분
한다.

② 쪽파는 잘게 썬다.

③ ①을 튀기고, 키친타월에 올려 남은 기름을 닦
아 낸다.

④ 멘쓰유와 물을 냄비로 데운다.

⑤ ③을 그릇에 담고 ④와 함께 무즙, 쪽파, 기호
에 따라 향을 내기 위한 참기름을 뿌린다.

---

30 麺つゆ: 일본식 맛간장.

아보카도 삼겹살조림

말랑말랑한 삼겹살조림과 그 맛이 스며든 삶은 계란과 아보카도.
각각의 식감이 어우러져, 진하지만 깔끔한 맛이 탄생합니다.

통째로

◎ **재료(2인분)**

아보카도 ⋯ 1개

삼겹살 블록 ⋯ 300~400g

삶은 계란 ⋯ 2개

마늘 ⋯ 1작은술(다진 것) / 생강 ⋯ 적당량

Ⓐ ┌ 술 ⋯ 60cc / 간장 ⋯ 60cc
　└ 미림 ⋯ 60cc / 물 ⋯ 400cc

샐러드유 ⋯ 적당량

┌ **POINT** ─────
압력솥을 사용하면 간단!
시간도 손도 많이 가는 삼겹살조림. 끓이는 시간도 2
시간 이상 걸리지만, 압력솥을 사용하면 40분 만에 만
들 수 있습니다. 그때 ②에서 40분 정도 끓이고, 압력
을 빼낸 후 삶은 계란과 아보카도를 넣어 끓여 주세요.

◎ **만드는 법**

① 아보카도는 껍질과 씨를 제거해 반으로 자른
다. 삼겹살 블록은 3cm 폭으로 자른다.

② 프라이팬에 샐러드유를 두르고 중불에 올려,
삼겹살 표면을 노릇노릇하게 굽는다. 고기가
잠길 정도의 물(분량 외)을 넣어 중~약불로 하
고 마늘을 넣어 약 1시간 정도 끓인다.

③ 다른 냄비에 Ⓐ와 ②와 반으로 자른 삶은 계란
을 넣고 약불로 약 40분간 끓인다.

④ 아보카도를 넣고 20분간 더 끓인 뒤, 그릇에 담
고 채친 생강을 곁들인다.

아보카도와 파 크림조림

눌을 정도로 노릇노릇 구운 대파의 고소함을 입안에서
아보카도가 부드럽게 감싸 줍니다. 사르르 녹는 맛이에요.
통통한 파를 사용하면 달콤함과 끈적끈적함이 두드러집니다.

둥글게 도려낸다

◎ **재료(2인분)**

아보카도 ··· 1개

대파 ··· 2개

그라나파다노 치즈 ··· 2큰술(깎아 둔다)

(없으면 파르메산 치즈)

생크림 ··· 150cc

소금, 후추 ··· 적당량

백리향 ··· 1개

올리브 오일 ··· 적당량

◎ **만드는 법**

① 아보카도는 둥글게 도려낸다. 대파는 3cm 크기로 자른다.

② 프라이팬에 올리브 오일을 두르고 중불에 올려, 대파 표면이 옅은 갈색이 될 때까지 소테하고, 소금을 뿌린다.

③ 생크림을 천천히 젓고, 아보카도와 그라나파다노 치즈를 넣고 가볍게 섞는다. 백리향을 넣고 약불로 하고 10분 정도 천천히 끓인 후 소금, 후추로 맛을 조절한다.

POINT

매일 식단의 강한 아군!
대파 외에도 닭고기나 버섯과 끓이거나 감자나 우엉 등의 뿌리채소류를 넣고 끓여도 좋습니다. 치즈를 많이 넣어 풍미를 더 내도 좋고요. 아보카도를 크림으로 끓이면, 레퍼토리의 변주가 훨씬 다양해집니다.

아보 아콰파차

아보 곱창전골

아보 아콰파차

가로로 슬라이스

해산물을 토마토나
올리브와 함께 물과 화이트와인으로
끓인 아콰파차[31]. 프라이팬 하나만 있으면
만들 수 있고, 생선도 토막으로 사용하기 때문에
손질이 따로 필요하지 않아 편리합니다!

◎ **재료(2인분)**
아보카도 … 1/2개
흰살생선 토막(금눈돔 등) … 1토막
붉은 새우(머리 있는 것) … 2마리
오징어 … 50~60g / 굴 … 6~8개
홍합 … 2~4개(없으면 바지락 등을 4~6개)
노란 피망 … 1/4개 / 토마토 … 1/2개
블랙 올리브 6개 / 마늘 … 1/2쪽
케이퍼 … 1큰술
소금, 후추 … 각 적당량
화이트와인 … 40cc / 물 … 50~70cc
올리브 오일, 샐러드유 … 각 적당량
세르퓌유 … 기호대로

◎ **만드는 법**
① 아보카도는 가로로 슬라이스, 피망은 세로
　 1cm 폭, 토마토는 초승달모양, 마늘은 얇게 저
　 미고, 오징어는 동그랗게 편 썰기한다. 새우나
　 조개류는 물로 잘 씻는다.
② 프라이팬에 샐러드유를 두르고 중불에 올려,
　 흰살생선에 소금, 후추를 뿌리고 양면을 가볍
　 게 소테한다.
③ 생선 몸이 부서지지 않도록 해산물, 마늘, 블랙
　 올리브, 케이퍼를 넣고, 화이트 와인을 붓는다.
　 뚜껑을 덮고 강불로 알코올을 날리면서 해산
　 물을 익힌다.
④ 조개가 열리면 뚜껑을 열고, 물과 아보카도를
　 넣은 후 맛을 보면서 바짝 조린다. 완성 직전에
　 피망을 넣는다.
⑤ 마무리로 올리브 오일을 가볍게 한 바퀴 돌려
　 넣고, 기호에 따라 세르퓌유를 뿌린다.

아보 곱창전골

세로 초승달모양

재료를 썰어 냄비에 넣고
나머지는 부글부글 끓이기만 하면
됩니다. 아보카도를 넣어 건강하고
근사한 곱창전골로!

◎ **재료(2인분)**
아보카도 … 1개
양배추 … 1/4개
부추 … 1/2단
콩나물 … 1/2봉지
내장(대창) … 350~400g
마늘 … 1/2쪽
동그랗게 편 썬 고추 … 적당량

[수프 재료]
물 … 냄비의 70% 양
가다랑어 육수(과립) … 2작은술
닭 육수 … 2작은술
술 … 5큰술
간장 … 50cc

◎ **만드는 법**
① 냄비에 수프 재료를 넣고 강~중불에 올려 한동
　 안 끓인다.
② 먹기 좋은 크기로 자른 양배추, 부추, 세로 초
　 승달모양으로 자른 아보카도, 대창 순서로 넣
　 고 끓인 후, 슬라이스한 마늘과 편 썬 고추를
　 넣고 익힌다.

---

31 acqua pazza: 이탈리아에서 생선 요리에 주로 사용하는 토마토와 마늘을 베이스로 만든 소스.

ARRANGE

◎ **재료(4인분)** ※사진은 2인분

아보카도 ··· 1개

붉은 새우 ··· 4마리

홍합 ··· 4개

(없으면 바지락이나 조개 12개 정도)

오징어(동그랗게 편 썬 것) ··· 200g

토마토 ··· 1개

주키니 ··· 1/2개

블랙 올리브 ··· 8개

트레비소 ··· 1/4개

양송이버섯 ··· 4개

물 ··· 1ℓ(냄비 크기에 따라 조절)

Ⓐ ┌ 시푸드 콘소메
　 (없으면 치킨 콘소메 과립) ··· 2~3작은술
　 └ 토마토 퓌레 ··· 5~6큰술

카레가루 ··· 4~5작은술

버터 ··· 20g

올리브 오일 ··· 적당량

아보 카레전골

통째로

해산물과 아보카도를 토마토
카레 맛으로 끓여 낸 전골로,
아보카도의 부드러움으로
매운맛이 중화됩니다. 재료는 사실
아보 아콰파차와 거의 동일합니다.
전골을 다양하게 변형할 수 있죠.

\ 한 번 더! /

ARRANGE

아보 치킨 카레전골

해산물 대신 치킨으로 바꿀 수도 있습니다. 해산물을 닭
다리살로 바꾸면 저렴하고 맛도 있어서 일석이조. 닭날
개나 간을 넣으면 식감이 다양해서 먹는 즐거움도 있습
니다!

◎ **만드는 법**

① 육수를 만든다. 냄비에 물과 Ⓐ를 넣어 중불에
올린다. 육수가 완성되면 불을 조절한다.

② 아보카도는 반으로 잘라 껍질과 씨를 제거한다.

③ 토마토는 꼭지를 도려내고, 위에서 열매의 반
정도까지 십자 형태로 칼집을 낸다. 그 외의 채
소는 먹기 좋은 크기로 자른다.

④ 냄비에 잘 씻은 해산물과 채소, 아보카도를 넣
는다. 버터를 넣고 냄비에 카레가루를 골고루
뿌린 후 ①을 가만히 부어 중불에 올린다.

⑤ 재료나 수프를 더 넣으면서 끓이고, 해산물이
익으면 완성. 향을 내기 위해 올리브 오일을 뿌
린다. 기호에 따라 손으로 접어 부러뜨린 파스
타(분량 외)를 넣어도 맛있다.

아보 미네스트로네

채소가 듬뿍 들어간 수프. 말랑말랑한 아보카도는 감자와 비슷한 식감을 냅니다.
아보카도는 어떤 채소와도 잘 어울리기 때문에 좋아하는 채소로 만들어 보세요.
파스타를 넣어도 맛있습니다!

둥글게 도려낸다

◎ **재료(2인분)**

아보카도 … 1/2개
양파 … 1/2개
당근 … 1/2개
감자 … 1/2개
셀러리 … 1/2개
주키니 … 1/2개
토마토 … 1개

Ⓐ ┌ 마늘 … 1/2쪽(슬라이스)
   │ 월계수 … 1/2장
   └ 백리향 … 1/2장

그라나파다노 치즈 … 1~2큰술
(없으면 파르메산 치즈)
소금, 후추 … 적당량
물 … 700cc
올리브 오일 … 적당량
샐러드유 … 적당량

◎ **만드는 법**

① 아보카도는 둥글게 도려내고, 채소는 모두 1cm로 깍둑썰기한다.
② 냄비에 샐러드유를 두르고 강불에 올린 후 Ⓐ 를 넣는다.
③ 향이 나면 아보카도와 토마토 이외의 채소를 넣고 소금, 후추로 맛을 내서 볶는다.
④ 채소가 물러지면 토마토를 넣고 소금으로 맛을 조절한 뒤, 물을 추가한다.
⑤ 수프가 끓으면 중불로 하고 더 끓인다. 맛이 부족하면 콘소메 과립(1작은술 정도 / 분량 외)을 넣어 맛을 조절한다.
⑥ 감자가 익으면 아보카도를 넣고 수프 맛이 배어들게 한다. 그릇에 담고, 그라나파다노 치즈와 올리브 오일을 뿌린다.

ARRANGE

토마토 리소토
아보 미네스트로네에 밥을 넣고 끓이면 간단 리소토 완성. 치즈를 잔뜩 뿌려서 먹고 싶어요!

아보카도와 오이 냉수프

오이는 껍질째 사용하면 신선한 녹색이 나옵니다! 마치 채소 주스와 같죠.
아보카도가 크리미하기 때문에 생크림이 없어도 부드럽습니다.

◎ **재료(2인분)**

아보카도 ··· 1개

오이 ··· 1개

양파 ··· 1/2개

Ⓐ ┌ 우유 ··· 300cc
  │ 소금 ··· 2꼬집
  └ 올리브 오일 ··· 5큰술

올리브 오일, 흑후추 ··· 각 적당량

장식용 아보카도, 오이, 토마토, 딜 ··· 기호대로

◎ **만드는 법**

① 아보카도는 껍질과 씨를 제거하고 반으로 자른다. 오이는 꼭지를 잘라 내고, 껍질째 마구 썬다. 양파는 대충 다져 놓는다.

② ①과 Ⓐ를 푸드 프로세서로 페이스트 상태로 만든다. 맛을 보고 부족하면 소금(분량 외)을 추가한다.

③ 그릇에 담고, 올리브 오일과 흑후추를 뿌린다. 기호에 따라 장식용으로 슬라이스한 아보카도와 오이, 잘게 썬 토마토, 딜을 띄운다.

아보 어니언 그라탱수프

양파가 적갈색이 됐다면, 남은 것은 보글보글 끓이는 것뿐. 끈적끈적 양파와 치즈,
그리고 아보카도까지, 찐~득한 삼파전이 나를 행복하게 합니다!

둥글게 도려낸다

◎ 재료(2인분)

아보카도 … 1개 / 양파 … 1/2개

버터 … 20~30g / 샐러드유 … 1~2큰술

물 … 500cc / 마늘 … 1쪽

Ⓐ ┌ 월계수 … 1장 / 안초비 … 1장
   └ 그린 올리브 … 4개

고형 부용[32] … 1개

브랜디(없으면 화이트와인) … 100cc

바게트 … 슬라이스 2장

피자용 치즈 … 3큰술

소금, 후추, 올리브 오일 … 적당량

세르퓌유 … 기호대로

◎ 만드는 법

① 양파는 슬라이스한다. 아보카도는 둥글게 도려낸다.

② 냄비에 버터와 샐러드유를 두르고 중불에 올려, 양파가 갈
색으로 바뀌고 물러질 때까지 볶는다.

③ Ⓐ를 넣은 후 더 끓인다. 브랜디를 넣은 후 알코올을 날린다.

④ 물과 고형 부용을 넣고 한동안 끓인다. 소금, 후추, 올리브
오일로 맛을 조절한다.

⑤ 내열 접시에 ④를 붓고, 아보카도와 바게트를 띄운 후 치
즈를 올린다. 오븐 토스터 또는 200℃의 오븐에서 눌을
때까지 노릇하게 굽는다. 마무리는 기호에 따라 세르퓌유
를 얹는다.

┌─ P O I N T ──────────────

브랜디로 풍미 UP!

브랜디를 사용하면 향도 좋고, 본격적인 맛이 납니다. 없다면 화이
트와인도 좋아요. 알코올을 날릴 때는 중불로 해야 합니다. 온도가
높으면 알코올에 불이 붙으니까요.

32 bouillon: 고기나 뼈를 삶아 우려낸 국물.
수프를 만들 때 기본이 되는 국물이다.

튀긴다

아보카도튀김

세로 초승달모양

아보카도를 잘랐는데 아직 익지
않았을 경우에는 튀김으로 만듭니다.
부드럽고 바삭바삭한 아보카도의
식감 차이가 재미있습니다!

◎ 재료(2인분)
아보카도 … 1/2개
우메보시 … 1개(매실장도 가능)
튀김유 … 적당량

Ⓐ
- (튀김옷)
- 얼음물 … 250cc
- 계란 노른자 … 1개
- 박력분 … 5큰술

◎ 만드는 법
① 튀김옷을 만든다. 튀김용 젓가락으로 살짝 흘
  러내릴 정도로 Ⓐ를 버무려 섞는다(약간 진한
  편이 더 낫다).
② 아보카도는 세로 초승달모양으로 자르고, ①
  의 옷을 입힌다.
③ 170~180℃의 튀김유로 튀긴다. 씨를 빼내 칼
  로 가볍게 두드린 우메보시를 곁들인다.

> **POINT**
> 식감을 살리려면 튀김옷에 주목!
> 튀김옷은 박력분의 글루텐이 나오면 무거워지기 때
> 문에 너무 뒤섞지 않고 바싹 튀깁니다. 또 튀김옷의
> 경우 계란 노른자만을 사용해야 폭신폭신하게 완성
> 할 수 있습니다.

아보카도 아몬드 슬라이스튀김

가로 초승달모양

고소한 아몬드를 옷에 입혀 튀긴 아보카도는
스낵 같은 식감으로 먹을 수 있습니다.
살사소스나 케첩을 뿌려도 맛있습니다.

◎ 재료(2인분)
아보카도 … 1/2개
박력분 … 6큰술
탄산수(또는 맥주) … 120~150cc
아몬드 슬라이스 … 4~5큰술
소금, 레몬 … 기호대로
튀김유 … 적당량

◎ 만드는 법
① 아보카도는 가로 초승달모양으로 자른다.
② 볼에 박력분을 넣고, 탄산수로 풀어 섞는다.
③ ①에 ②의 옷을 입힌다.
④ 아몬드 슬라이스를 접시에 펼쳐 놓고, ③ 주위
  에 골고루 묻힌다.
⑤ 170~180℃의 튀김유로 표면이 고소한 향이 나
  며 노릇노릇해질 때까지 튀긴다. 그릇에 담은
  뒤, 기호에 따라 소금과 레몬을 곁들인다.

아보카도튀김

아보카도 아몬드 슬라이스튀김

아보카도 미소 돼지고기튀김

아보카도와 메추라기 알모양도 귀엽습니다!
감칠맛 나는 매콤한 핫초미소[33] 소스는 아보카도와 아주 잘 어울립니다.

1/4

◎ 재료(2인분)

아보카도 … 1개 / 삼겹살 슬라이스 … 4장
삶은 메추라기 알 … 4알 / 계란물 … 1개분
박력분, 빵가루 … 적당량
소금, 후추 … 적당량
흰깨, 튀김유 … 적당량

[소스 재료]

핫초미소 … 6큰술
설탕 … 1큰술 / 술 … 4큰술
물 … 6큰술 / 판 초콜릿 … 1쪽
마늘 … 1/2작은술(다진 것)
생강 … 1/2작은술(다진 것)

◎ 만드는 법

① 작은 냄비에 소스 재료를 넣고 약불에 올린다. 눌지 않도록 저으면서 어느 정도 점도가 생기면 불을 끈다.
② 아보카도는 세로로 4등분한다.
③ 삼겹살을 펼치고 그 위에 아보카도를 올린 뒤 아보카도의 움푹 팬 곳에 메추라기 알을 올려 고기로 감싼다. 다 감으면 소금, 후추를 뿌린다.
④ 박력분 → 계란물 → 빵가루 순서로 아보카도에 옷을 입힌다.
⑤ 170~180℃의 튀김유로 5분 정도 튀긴다. 소스를 묻힌 뒤 흰깨를 뿌린다.

33 八丁味噌: 콩의 누룩으로 만들어진 미소 중에서 아이치 현에서 생산된 것을 가리킨다.

아보카도와 김치 삼겹살튀김

쿵! 하고 오는 포만감. 아보카도가 담백하기 때문에 김치나 소스는
조금 진한 쪽이 맛에 균형이 잡힙니다.

1/4

◎ **재료(2인분)**

아보카도 ⋯ 1개

김치 ⋯ 80g

삼겹살 슬라이스 ⋯ 4장

박력분 ⋯ 6큰술

탄산수(또는 맥주) ⋯ 약 100~120cc

Ⓐ
- (소스)
- 고추장 ⋯ 3큰술
- 마요네즈 ⋯ 3큰술
- 물 ⋯ 1~1.5큰술

튀김유 ⋯ 적당량

흰깨, 실고추 ⋯ 기호대로

◎ **만드는 법**

① 볼에 박력분과 탄산수를 넣고 푼다. 아보카도에 잘 달
라붙는 점도가 되도록 탄산수 양을 조절한다.

② 아보카도를 세로로 4등분한다.

③ 삼겹살 1장 위에 ②의 아보카도 1개를 올리고, 움푹
팬 곳에 김치를 올린 뒤 삼겹살로 전체를 감싼다.

④ ①의 튀김옷을 묻히고, 180℃ 기름으로 바싹 튀긴다.

⑤ 그릇에 담고, Ⓐ를 섞은 소스를 곁들인다. 기호에 따
라 깨를 뿌리고 실고추를 올린다.

> **POINT**
>
> 고기로 감쌉니다.
> 삼겹살에 아보카도와 김치를 올린 후
> 감싸서 튀깁니다. 아보카도는 어떤
> 재료와도 어울리기 때문에 좋아하는
> 재료로 감싸 보세요.

아보카도와 모차렐라 프리토

아보카도 1/2개를 통째로 튀긴 호쾌한 프리토[34].
안에서 걸쭉하게 흘러나오는 모차렐라 치즈와 구수한 향이 식욕을 돋웁니다.
아보카도를 둘러싼 생햄은 프리토로 하면 고급 고기와 같은 육즙이 흘러나옵니다.

통째로

◎ **재료(2인분)**

아보카도 … 1/2개
모차렐라 치즈 … 1/2알(있다면 물소 치즈)
생햄 … 1장
박력분 … 6큰술
탄산수 … 100cc
튀김유 … 적당량
샐러드 … 적당량
죽염 … 기호대로(소금도 가능)

◎ **만드는 법**

① 아보카도는 껍질과 씨를 제거하고 반으로 나눈다. 씨가 빠진 자리에 모차렐라 치즈를 얹고, 전체를 생햄으로 감싼다.

② 볼에 박력분과 탄산수를 부은 후 섞는다. 아보카도에 잘 감길 정도로 걸쭉하게 될 때까지 탄산수 양을 조절한다.

③ ①에 ②를 입혀서 170~180℃의 튀김유에서 8분 정도 튀긴다. 샐러드를 곁들여 그릇에 담고 죽염을 뿌린다.

ARRANGE

간단 오븐구이

튀기는 것이 귀찮은 분들께는 오븐구이를 추천합니다. 두껍게 자른 아보카도에 생햄, 그 위에 모차렐라 치즈를 듬뿍 얹은 뒤 빵가루를 입혀 오븐이나 토스터의 내부 온도가 뜨거워질 때까지 구우면 완성. 빵가루의 바삭바삭한 식감이 식욕을 돋웁니다!

POINT

탄산수로 통통한 옷을!

아보카도 아몬드 슬라이스튀김(76p)이나, 아보카도와 김치 삼겹살튀김(79p)과 마찬가지로 걸쭉한 프리토 옷도 박력분을 탄산수로 섞은 것입니다. 탄산수를 사용하면 겉은 바삭하고, 안은 폭신폭신하게 튀길 수 있습니다.

'죽염'을 사용합니다.

죽염은 소금을 대나무 통에 넣어서 고온으로 구운 소금입니다. 대나무와 바다 소금의 미네랄과 감칠맛이 가득 들어 있죠. 짠맛이 순해서 프리토를 만들 때 자주 사용합니다.

34 fritto: 이탈리아어로 튀겼다는 뜻.

중화풍 새우완자

싱싱한 새우의 어육과 아보카도가 만나 새우완자가 탄생했습니다.
중화소스와 찍어 먹으면 맛있습니다.

으깬다

◎ **재료(4인분)**
아보카도 … 2개 / 껍질 깐 새우 … 200g
마늘 … 1/2작은술(다진 것)
생강 … 1/2작은술(다진 것)
계란 … 1개 / 녹말가루 … 2큰술
참마 … 1큰술(다진 것)
소금 … 조금
양상추, 래디시, 실파 … 기호대로

Ⓐ
(중화소스)
┌ 간장 … 4큰술 / 식초 … 3큰술
│ 설탕 … 2큰술 / 참기름 … 2큰술
│ 쪽파 … 1/2단(잘게 썬 것)
│ 생강 … 1작은술(다진 것)
│ 마늘 … 1작은술(다진 것)
└ 우스터소스[35] … 1/2작은술
튀김유 … 적당량

◎ **만드는 법**
① 껍질 깐 새우는 칼로 잘게 자르고, 살짝 끈적해질 때까지 두드린 뒤 절구로 옮긴다.
② 참마를 넣고 섞는다. 껍질과 씨를 제거한 아보카도와 마늘, 생강을 넣고 으깨면서 섞는다.
③ ②에 계란을 깨뜨려 넣고, 고무 주걱으로 잘 섞는다(공기가 들어가게 섞으면 부드러워진다). 소금과 녹말가루를 넣고 더 잘 버무린다.
④ ③을 골프공 정도의 크기로 만든다. 중간 온도의 기름에 형태가 부서지지 않도록 조심히 떨어뜨리고 노릇노릇해질 때까지 튀긴다. 기호에 따라 양상추, 래디시, 실파를 곁들인다.
⑤ Ⓐ를 냄비에 넣고 한동안 끓인 뒤 ④에 곁들인다.

35 worcester sauce: 식초, 타마린드 추출액, 고추 추출액, 설탕, 안초비 등을 넣고 숙성시켜 만든 소스.

아보 고로케

보기에도 예쁜 아보카도 그린 고로케! 말랑말랑한 아보카도는 달고 맛있습니다.
아보카도는 너무 으깨지 않도록 해 주세요.

으깬다

◎ **재료(4개분)**
아보카도 ⋯ 2개
양파 ⋯ 1개
다진 고기 ⋯ 200g
소금, 후추 ⋯ 적당량
육두구 ⋯ 조금
박력분 ⋯ 적당량
계란물 ⋯ 2개분
빵가루 ⋯ 적당량
샐러드유, 튀김유 ⋯ 적당량
양배추 채친 것, 오이, 토마토,
돈가스소스 ⋯ 기호대로

◎ **만드는 법**
① 아보카도는 반으로 잘라 껍질과 씨를 제거하고, 볼
   에 넣어 둔다.
② 양파는 다진다.
③ 프라이팬에 샐러드유를 두르고, 다진 고기, 소금,
   후추, 육두구를 볶는다.
④ ②를 추가하고, 고기의 감칠맛이 배어들어 투명해
   질 때까지 볶는다.
⑤ ④를 볼에 넣고, ①을 추가한 후 나무 주걱으로 으
   깨면서 섞는다.
⑥ ⑤를 원기둥모양으로 만든 후 박력분 → 계란물 →
   빵가루 순서로 옷을 입히고 180℃에서 5분 정도 튀
   긴다. 고로케에 돈가스소스를 발라 기호에 따라 채
   친 양배추, 오이, 토마토를 곁들인다.

술의 기쁨

아보카도 명란젓무침

아보 나메로

아보카도와 노른자 미소절임

아보카도 명란젓무침

바로 만들 수 있는 맛있는 안주.
일품요리를 먹고 싶을 때 그만입니다.

깍둑썰기

◎ 재료(만들기 쉬운 분량)
아보카도 … 1/2개
명란젓 … 1복[36]
올리브 오일 … 적당량
차조기잎, 흰머리파, 흰깨 … 기호대로

◎ 만드는 법
① 아보카도는 깍둑썰기한다. 명란젓은 얇은 껍
   질에 칼집을 낸 뒤 숟가락으로 몸을 발라낸다.
② ①을 섞고, 올리브 오일로 맛을 조절한다. 기호
   에 따라 차조기잎이나 흰머리파, 깨를 올린다.

아보 나메로

술꾼도 좋아하는 아보카도 레시피.
미소나 양념의 양은 맛을 보고
조절해 주세요.

깍둑썰기

◎ 재료(2인분)
아보카도 … 1/2개
전갱이 회 … 4~6토막
양하[37] … 1개
생강 … 1쪽
쪽파 … 1/2개
마늘 … 1/4작은술(다진 것)
미소 … 1작은술
올리브 오일 … 2~3큰술
슬라이스 한 래디시, 채친 생강, 무순 … 기호대로

◎ 만드는 법
① 전갱이는 칼로 두드린 뒤, 볼에 담는다.
② 양하는 다지고, 생강은 채치고, 쪽파는 잘게 썰
   어 ①에 넣고, 미소와 마늘, 올리브 오일을 함
   께 섞어 버무린다.
③ 맛이 난다 싶으면 깍둑썰기한 아보카도를 넣
   어 버무리고, 기호에 따라 슬라이스한 래디시,
   채친 생강, 무순을 곁들인다.

36 腹: 물고기 한 마리의 배 속에 들어 있는 알 전체를 가리키는 단위.
37 蘘荷: 생강과에 속한 여러해살이풀.

아보카도와 노른자 미소절임

아보카도와 계란 노른자를 재워 풍미가 느껴지는 미소절임.
일본술과도 잘 어울립니다.

가로 초승달모양

◎ **재료(만들기 쉬운 분량)**

아보카도 … 1개

계란 노른자 … 5개분

Ⓐ ┌ 미소 … 500g
  │ 술 … 200~300cc
  └ 미림 … 200~300cc

※ 아마쿠치미소[38]를 사용하는 경우는 미소와 술
만 있어도 OK.

◎ **만드는 법**

① Ⓐ를 섞고, 미소가 부드러워지면 2/3 정도의
양을 밀폐 용기에 평평하게 펼쳐, 그 위에 거즈
를 덮어 둔다.

② 둥근 숟가락으로 노른자가 푹 들어갈 정도로
깊은 구멍을 노른자 개수만큼 만들고 노른자가
깨지지 않도록 조심하면서 구멍에 넣는다(노른
자보다 구멍이 작으면 봉긋하게 솟는다).

③ 빈 접시에 가로 초승달모양으로 자른 아보카
도를 나란히 놓는다.

④ ③ 위에 거즈를 씌우고, 그 위에 Ⓐ를 올려 냉
장고에 넣어 둔다. 하루 반나절이 지나면 맛있
게 먹을 수 있다.

POINT

재울 때는 거즈를!
밀폐 용기에 펼친 Ⓐ에 거즈를 씌우고, 아보카도와
노른자를 올립니다. 그 위에 또 거즈를 씌우고, Ⓐ를
조금 펼칩니다. 이렇게 하면 아보카도가 미소 속에서
녹는 걸 방지할 수 있습니다.

가능한 한 3~4일 이내에!
냉장고에 넣으면 되도록 3~4일 이내에 드십시오. 그
이상 지나면 아보카도와 노른자를 들어내 다른 밀폐
용기에 바꿔 넣고 2일 이내에 드십시오. 보존 기간은
계절이나 각 가정의 보존 환경에 따라 다르기 때문에
상황을 보고 조절하시면 됩니다.

---

38 甘口味噌: 당분과 염분이 다소 많은 미소.

평소 밥반찬에 넣기만 할 뿐!

멸치덮밥 + 깍둑썰기

장어덮밥 + 세로 초승달모양

담백한 덮밥에
감칠맛을 더한다!

◎ **만드는 법**

밥을 그릇에 담고, 멸치와 계란 노른자를 올린다. 노른자 주위에 깍둑썰기한 아보카도와 쪽파를 올리고, 간장과 기호에 따라 올리브 오일을 두른다.

시판용 장어구이로
간단한 아보 장어덮밥!

◎ **만드는 법**

밥을 그릇에 담고, 잘게 썬 김을 뿌린다. 그 위에 한입 크기로 자른 장어구이, 세로 초승달모양으로 자른 아보카도를 색에 맞춰 나란히 놓고, 장어소스를 뿌린다. 기호에 따라 계란 지단, 파드득나물, 고추냉이를 곁들인다.

POINT 마요네즈를 뿌린다거나 국물에 말아서 히쓰마부시[39]풍으로 해도 좋아요!

---

39 ひつまぶし: 일본 나고야의 명물 음식으로 손꼽히는 장어덮밥. 네 가지 방법으로 나누어 먹는 방법이 특이한데, 매번 새로운 요리를 먹는 느낌을 준다.

어떤 요리에도 풍미와 부드러움을 더해 주는 아보카도.
밥에 올리거나 반찬과 함께 요리하는 것만으로, 친숙한 요리가 평소보다 맛있고 건강하게 대변신!
그러면 '넣기만' 했는데도 요리가 달라지는 간단 레시피를 알려드리겠습니다.

깍둑썰기

세로 초승달모양

재료는 낫토 & 김치 & 아보카도.
부드럽게 늘어나는 식감이 최고!

◎ 만드는 법
낫토는 간장과 겨자를 넣고 끈적끈적해질 때까지
잘 섞어, 잘게 썬 김치를 넣어 김치 낫토를 만든
다. 달궈진 프라이팬에 소금과 올리브 오일로 맛
을 낸 계란물을 흘려 넣고, 김치 낫토와 깍둑썰기
한 아보카도를 감싸서 오믈렛을 만든다. 기호에
따라 마요네즈나 쪽파를 뿌린다.

이름하여 '마파 가지'!
평소의 접시가 화려해진다!

◎ 만드는 법
가지는 한입 크기로 잘라 튀긴다. 다진 대파와 마
늘, 두반장, 돼지고기를 볶고, 술을 넣은 뒤 알코
올이 날아가면 가지와 세로 초승달모양으로 자른
아보카도, 춘장, 술, 후추 등을 넣고 한동안 끓인
다. 물에 녹인 녹말가루가 걸쭉해지면 간장, 참기
름, 산초로 맛을 조절한다.

1/4   둥글게 도려낸다

예쁜 녹색의 아보 어묵.
국물을 잔뜩 머금었다.

감자 대신에 아보카도!
짧은 시간에 간단하게 만들 수 있다.

◎ 만드는 법

무, 계란, 곤약, 다시마를 육수(국물+간장+술+미림+다시마차)로 약 30분간 끓인다. 튀김어묵을 넣고 15분 정도 끓이면 4등분한 아보카도를 넣고 15분 더 끓인다. 기호에 따라 도로로콘부[40]를 곁들인다.

◎ 만드는 법

소금, 후추를 뿌린 굴을 프라이팬에 소테하고, 화이트와인을 뿌린다. 다진 양파를 넣고 볶은 뒤, 생크림을 추가해 한동안 끓인다. 그라나파다노 치즈(없으면 파르메산 치즈)를 넣고 맛을 조절하고, 둥글게 도려낸 아보카드를 넣고 끓인다. 마무리로 올리브 오일을 뿌린다.

CHAPTER
4

아보카도
한 접시와 밥!

아보카도는 과일이지만, 이 과일은 하얀 밥과도
정말 잘 어울립니다. 아보카도 요리가 처음이라
면 우선은 인기 메뉴인 아보카도×참치덮밥, 아
보카도×스팸덮밥부터 시도해 보세요. 쉬는 날
브런치로도 그만입니다. 물론 밥뿐만 아니라 파
스타나 피자 등의 밀가루를 주재료로 한 음식과
의 궁합도 최고입니다. 탄수화물 만세!

밥

아보카도절임 참치덮밥

조합의 왕도 참치. 간단한데도 배합이 좋아서 갑작스러운 접대에도 문제없습니다.
참치는 확실히 맛있으니까요.

세로 초승달모양

◎ **재료(2인분)**

아보카도 ⋯ 1개 / 참치 회 ⋯ 12조각
밥 ⋯ 2그릇분 / 잘게 자른 김 ⋯ 10g
대파(흰 부분) ⋯ 1개
슬라이스한 래디시, 흰깨, 고추냉이 ⋯ 기호대로

　　┌ (절임소스)
Ⓐ　　간장 ⋯ 6큰술 / 미림 ⋯ 4큰술
　　└ 술 ⋯ 2큰술

※ 간장 : 미림 : 술 = 3 : 2 : 1

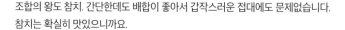

ARRANGE

카르파초
참치와 아보카도에 고추냉이 간장과 마요네즈를 버무린
소스와 올리브 오일을 뿌리면 간단한 카르파초가 됩니
다. 가다랑어도 맛있습니다.

◎ **만드는 법**

① 절임소스 Ⓐ를 만든다. 술과 미림을 작은 냄비
　에 넣고 약불로 끓여서 완전히 익힌다. 열이 식
　으면 간장을 추가한다.

② 먹기 10~15분 전에 참치 조각을 ①에 절인다.

③ 대파는 흰 부분을 잘게 찢어서 물로 씻는다.

④ 밥을 그릇에 담아 잘게 자른 김을 뿌리고, ②와
　세로로 자른 아보카도를 담는다.

⑤ ②의 소스를 3큰술 정도 뿌린 뒤 물기를 뺀 흰
　대파를 올린다. 기호에 따라 래디시나 고추냉
　이, 흰깨를 올린다.

데리야키 스팸 아보카도덮밥

참치와 마찬가지로, 아보카도와 황금 콤비인 스팸.
데리야키 스팸의 감칠맛이 가득한 볶음밥입니다.

둥글게 도려낸다

◎ **재료(2인분)**
아보카도 … 1개
스팸(또는 런천미트) … 100g
온천란(없으면 계란 노른자) … 2개
쪽파 … 1개
방울토마토 … 1개
밥 … 2그릇분보다 조금 많이
잘게 자른 김 … 10g
마요네즈 … 기호대로
시판용 데리야키소스(없으면 간장 등),
샐러드유 … 적당량

◎ **만드는 법**
① 스팸은 1cm로 깍둑썰기한다.
② 쪽파는 잘게 썰고, 방울토마토는 4등분한다.
③ 아보카도는 둥글게 도려낸다.
④ 프라이팬에 샐러드유를 두르고 중불에 올린
   후 ①의 표면이 노릇노릇해질 때까지 굽는다.
⑤ 밥을 그릇에 담고, 잘게 자른 김을 뿌린다. 온
   천란 1개를 올리고 ③과 ④의 1/2를 올린다.
⑥ 데리야키소스와 마요네즈를 뿌리고 방울토마
   토, 쪽파를 뿌린다.

아보 가파오라이스

허브향이 나는 에스닉풍 아보카도 밥. 닭의 감칠맛을 아보카도에
스며들게 하면서 볶습니다. 맥주와 함께 마음껏 먹는 거예요!

깍둑썰기

◎ **재료(2인분)**

아보카도 … 1개 / 가지 … 1개
빨간, 노란 피망 … 각 1/2개
닭다리살(또는 다진 닭고기) … 250g
밥 … 2그릇분
⌐ 남플라 … 2큰술
│ 굴소스 … 2큰술
Ⓐ │ 다진 마늘 … 1/4작은술
│ 다진 생강 … 1/4작은술
└ 간장 … 1큰술
계란 … 2개 / 술 … 5큰술
카옌페퍼(또는 고춧가루) … 1/4큰술
바질잎, 샐러드유 … 각 적당량

◎ **만드는 법**

① 아보카도, 가지, 피망은 1cm로 깍둑썰기, 닭다
리살은 잘게 썬다.
② 프라이팬에 샐러드유를 조금 많이 두르고 계란
프라이를 만든다.
③ 닭다리살을 중불로 볶는다. 술을 넣고, 알코올
이 날아가면 Ⓐ와 가지, 피망을 넣고 볶는다.
④ 채소가 다 익으면 아보카도를 넣고 살짝 볶은
뒤 불을 끈다. 바질을 뜯어서 넣은 후 버무린다.
⑤ 그릇에 밥을 담고, 그 옆에 ④를, 위에 계란 프라
이를 얹는다. 카옌페퍼를 뿌리고, 계란 프라이
의 노른자 부분에 기호에 따라 남플라(분량 외)
를 뿌린다.

아보카도 코코넛 카레

큼지막한 아보카도를 잔뜩 넣은 그린 카레. 끈적끈적 아보카도가 카레에 동그란
식감을 더해 줍니다. 아보카도에 카레 맛이 듬뿍 배어들었습니다.

통째로

◎ **재료(2인분)**

아보카도 … 1개

밥 … 2그릇분보다 조금 많이

다진 고기 … 200g

새송이버섯 … 1팩

Ⓐ ┌ 그린 카레 페이스트 … 2큰술
   │ 남플라 … 4큰술
   └ 팜 슈거[41] … 1큰술(없으면 꿀 또는 설탕)

코코넛밀크 … 200~300cc

샐러드유 … 적당량

◎ **만드는 법**

① 아보카도는 껍질과 씨를 제거해 반으로 자른다.
새송이버섯은 가로로 반을 자른 뒤 세로로 슬라
이스한다.

② 프라이팬에 샐러드유를 두르고, 다진 고기를 볶
는다. 어느 정도 익으면 새송이버섯을 넣고 볶
은 뒤 Ⓐ를 추가해 골고루 묻힌다.

③ 맛이 골고루 배면, 코코넛밀크를 천천히 붓는다.

④ 아보카도를 넣고 한동안 끓인다. 밥과 함께 접
시에 담는다.

---

41 palm sugar: 다라수, 대추야자, 니파야자, 사탕야자, 코코넛 등 종려과에 속하는 야자나무의 수액을 끓여 얻은 설탕.

아보카도 치즈 타코 라이스

아보카도 요리의 단골 타코 라이스[42]. 다진 고기는 조금 진하게 양념하면 아보카도의
부드러움과 균형을 이룹니다. 타코미트는 샌드위치에도 사용할 수 있습니다.

둥글게 도려낸다

◎ **재료(2인분)**

아보카도 … 1개

밥 … 2그릇분보다 조금 많이

다진 고기 … 200g / 서니 레터스 … 1/4개

시판용 살사소스 … 3큰술

Ⓐ ┌ 타코스[43]용 시즈닝 … 2큰술
   └ 간장 … 3큰술

피자용 치즈 … 2큰술

토르티야 칩스 … 3장

샐러드유 … 적당량

파르메산 치즈 … 기호대로

◎ **만드는 법**

① 아보카도는 둥글게 도려낸다. 서니 레터스는 한
   입 크기로 자른다.

② 프라이팬에 샐러드유를 두르고 중불에 올려, 다
   진 고기를 볶는다. 익으면 Ⓐ를 넣고 볶는다.

③ 그릇에 밥을 담고, 주위에 서니 레터스와 아보
   카도를 올린 후 살사 소스를 뿌린다.

④ 밥 위에 ②를 담고, 피자용 치즈를 뿌린 뒤 적당
   한 크기로 부순 토르티야 칩스를 꽂는다. 기호
   에 따라 파르메산 치즈를 뿌린다.

---

42 taco rice: 타코에 들어가는 다진 고기볶음, 토마토, 양배추, 양파, 치즈 등을 쌀밥 위에 얹고 매콤한 살사소스를 곁들여 먹는 일본 요리.
43 tacos: 옥수수 가루를 반죽해 얇게 펴서 구워 만든 조각에 채소나 고기를 싼 멕시코 요리.

시오콘부 아보카도 볶음밥

아보카도와 의외로 잘 어울리는 시오콘부[44]. 아보카도를 넣으면 일본식 볶음밥으로
부피감이 생겨 만족도가 올라갑니다! 식감에도 변화가 느껴져 계속 먹게 되는 맛입니다.

깍둑썰기

◎ **재료(2인분)**

아보카도 … 1개
밥 … 2인분
계란 … 1개
시오콘부 … 20g
버터 … 10g×4개
소금, 후추 … 적당량
간장 … 4큰술
쪽파 … 적당량
샐러드유 … 6~8큰술
초생강 … 기호대로

◎ **만드는 법**

① 아보카도는 깍둑썰기한다.
② 계란 1개를 풀고, 소금, 후추를 살짝 뿌린다.
③ 프라이팬에 샐러드유를 두르고 중불에 올려, ②를 붓는다.
④ 계란이 익으면, 밥을 넣은 뒤 밥알이 고슬고슬해지도록 볶
   는다. 버터 2개를 넣고 골고루 잘 배어들게 한다.
⑤ 소금, 후추, 시오콘부를 넣고 볶은 후 마지막으로 간장을
   빙 둘러 넣은 다음 아보카도를 넣고, 부서지지 않도록 전체
   를 섞는다.
⑥ 접시에 담은 뒤 잘게 썬 쪽파를 뿌린다. 그리고 남은 버터
   를 올리고 기호에 따라 초생강을 곁들인다.

---

44 塩昆布: 다시마를 조미한 물에 바짝 졸이고 건조시켜 표면에 소금이 나오게 한 식품.

소고기구이와 아보카도 초밥

소고기와 아보카도도 꽤 잘 어울리는 조합입니다. 레어한 소고기구이에 기분이
좋아집니다. 집에서 초밥이 나온다면 마음이 뭉클해지겠죠?

세로로 슬라이스

◎ **재료(2개분)**

아보카도 … 1/4개

밥 … 적당량

소 넓적다리 편육 … 1장

Ⓐ ┌ 간장 … 적당량
　 └ 올리브 오일 … 적당량

Ⓑ ┌ (초밥 식초)
　 │ 소금 … 1꼬집 / 식초 … 1큰술
　 └ 설탕 … 2꼬집

유자 후추[45] … 조금

올리브 오일 … 적당량

죽염(81p / 또는 암염), 파의 싹 … 기호대로

◎ **만드는 법**

① 소 넓적다리 편육을 크게 자르고, Ⓐ에 5~10분
정도 담근다. 전자레인지로 1~2분 돌린다(중간
에 한 번 뒤집어서 골고루 익힌다).

② 뜨거운 밥을 볼에 담고, Ⓑ를 넣은 후 재빨리 섞
어 식초 밥을 만든다. 1~2시간 두고 배어들게
한다.

③ 식초 밥 1개분을 쥐고, 그 위에 유자 후추를 뿌
린다.

④ 세로로 슬라이스한 아보카도의 반을 올리고, 그
위에 ①을 올려 감싼다. 마무리로 올리브 오일
을 뿌린 후 기호에 따라 죽염, 파의 싹을 얹는다.

45 柚胡椒: 규수 특산 조미료 중 하나로 유자 껍질과 풋고추, 소금을 넣고 함께 갈아 숙성시킨 것.

아보카도 오일

1병(300㎖)에 아보카도 약 20개분! 아보카도는 오일로 변신해도 영양이 가득합니다.

아보카도 과육만을 짜낸 아보카도 오일. 사실은 놀라울 정도로 영양가가 높습니다. 비타민 A, B군, E나 미네랄, 식이섬유가 풍부하고, 불포화 지방산(올레인산, 리놀레산 등)도 많기 때문에 LDL을 줄이는 효과가 있습니다. 생활 습관병의 예방, 혈액순환 촉진, 디톡스, 미용 효과도 기대할 수 있고, 가장 알레르기가 적은 오일이라고도 일컬어집니다. 유럽과 미국에서는 이미 널리 알려져 있지만 제조 기업은 얼마 되지 않습니다. 그중 한 곳이 일본 회사입니다. 제작자는 미쓰이 다카하루(三井高治) 씨와 요코(葉子) 씨 부부. 뉴질랜드로 여행을 갔다가 아보카도의 영양가에 놀라움을 금치 못하고 연구를 시작했고, 두 사람은 연구를 거듭해 엄선한 하스종으로 아보카도 오일을 상품화했습니다. 공기에 닿지 않고, 용제(溶劑)와도 섞지 않은 '하이드로프레스' 기법으로 짜낸 고순도 무첨가 천연 오일입니다. 좋은 것만 가득 담은 아보카도 오일을 꼭 사용해 보세요.

<u>아침, 1숟가락 마신다!?</u> …… 꾸준히 복용하면 건강에 효과가 나타납니다. 아침 식사 전에 1숟가락을 마시면 식욕을 억제하는 다이어트 효과도 있다고 합니다.

<u>어떤 요리에도!</u> …… 콜레스테롤 0, 트랜스 지방산은 0.1% 이하이기 때문에 계속 사용해도 됩니다. 냄새도 없고 개성도 강하지 않아서 다른 기름이나 어떤 식재료, 조미료와도 잘 어울립니다!

<u>피부에 사용한다!</u> …… 12종류의 비타민과 14종의 미네랄이 가득. 게다가 비타민 E는 올리브의 4배! 보습 효과가 높아서 클렌징 오일이나 마사지 오일로도 사용합니다.

아보프레스재팬 ☎ 0120-356-124 http://www.avocadooil.jp

ROCIO DEL BOSQUE(숲의 물방울)
300㎖ / 2,310엔, 120㎖ / 1,260엔

파스타

아보카도와 회 냉스파게티

먹고 남은 생선회의 대변신! 회는 밑간을 해 두면 상하지 않습니다.
소스는 오일을 유화시켜 걸쭉해지면 파스타에 착 감깁니다.

깍둑썰기

◎ **재료(1인분)**

파스타(얇은 면) … 100g
마늘 … 1쪽

Ⓐ
- 아보카도 … 1/2개(깍둑썰기)
- 좋아하는 회 … 적당량(한입 크기로 자른다)
- 방울토마토 … 6~8개(4등분)
- 간장 … 5큰술 / 유자 후추 … 1/2작은술
- 레몬즙 … 1큰술
- 올리브 오일 … 5큰술

흑후추, 바질 잎 … 적당량

◎ **만드는 법**

① 냄비에 물을 담아 끓인 뒤, 파스타를 표시보다 2분 정도 길게 삶고, 얼음물에 식혀 둔다.

② 반으로 자른 마늘을 볼의 표면에 문질러 향을 내고, Ⓐ를 넣고 잘 섞어서 유화시킨 후 걸쭉해진 상태로 만든다.

③ ①의 물기를 빼서 ②와 섞는다. 재료를 산처럼 접시에 담고, 흑후추와 바질잎을 뿌린다.

아보카도 오믈렛 나폴리탄

나폴리탄도 오믈렛도 좋아한다면 함께 드세요!
그래서 풍성한 파스타를 만들었습니다. 남성들에게도 인기가 좋습니다.

◎ 재료(1인분)

아보카도 … 1/2개(깍둑썰기)

파스타 … 100g / 소금 … 1꼬집

Ⓐ
(소스)
- 스팸 … 20g(1cm 깍둑썰기)
- 양파 … 1/4개(두껍게 슬라이스)
- 당근 … 1/4개(얇게 썰기)
- 피망 … 1개(얇게 편 썰기)
- 케첩 … 5큰술 / 간장 … 1큰술
- 퐁드보[46](통조림) … 1큰술(없어도 OK)

Ⓑ
(오믈렛)
- 계란 … 1개 / 소금 … 1꼬집
- 그라나파다노 치즈 … 1큰술
- (없으면 파르메산 치즈)
- 올리브 오일 … 2큰술

흑후추, 샐러드유 … 각 적당량

그라나파다노 치즈, 세르퓌유 … 기호대로

46 fond de veau: 송아지 뼈와 채소를 오븐에 노릇노릇 구워
내서 국물을 낸 프랑스식 육수.

◎ 만드는 법

① 냄비에 물을 담아 끓이고 파스타를 표시대로 삶는다.

② 소스 Ⓐ를 만든다. 프라이팬에 샐러드유를 두르고 중불에 올려 스팸이 노릇노릇해질 때까지 굽는다. 양파, 당근, 피망 순서로 볶고, 씹는 식감이 느껴지도록 퐁드보를 넣고 맛이 골고루 배어들면 케첩과 간장을 추가해 섞는다.

③ ②를 끓이면서 파스타를 넣고 볶는다.

④ 오믈렛을 만든다. 샐러드유를 두른 프라이팬을 중불에 올리고, 잘 섞은 Ⓑ를 흘려 넣는다. 익기 시작하면 깍둑썰기한 아보카도를 넣는다.

⑤ 계란이 너무 익기 전에 ③에 올리고, 흑후추를 뿌린다. 기호에 따라 그라나파다노 치즈와 세르퓌유를 뿌린다.

아보카도와 성게알 카르보나라

단골이 속속 생겨나는 인기 메뉴. 파스타에 끈끈하게 휘감긴 아보카도와 성게알의
농후한 맛에 사람들이 몰려들고, 어느새 맛에 사로잡힙니다.

깍둑썰기

◎ **재료(1인분)**

파스타(두꺼운 면) … 100g

A
(소스)
- 아보카도 … 1/2개(깍둑썰기)
- 성게알 … 2큰술
- 토마토(대) … 1/2개(깍둑썰기)
- 계란 … 1개 / 노른자 … 1개분
- 그라나파다노 치즈 … 2큰술
  (없으면 파르메산 치즈)
- 간장 … 4큰술 / 마늘 … 1쪽
- 소금 … 1꼬집 / 올리브 오일 … 5큰술

B
(토핑)
- 아보카도 … 1/4개(슬라이스)
- 성게알 … 1큰술
- 흑후추, 세르퓌유 … 각 적당량

◎ **만드는 법**

① 냄비에 물을 담고, 파스타를 표시대로 삶는다.

② 카르보나라소스를 만든다. 마늘을 반으로 잘라 볼의 표면에 문질러 향을 내고, A의 재료를 넣고 섞는다.

③ 냄비를 약불에 올리고 ②를 데운다(계란이 익지 않을 정도로 하고, 굳기 시작하면 불을 끈다).

④ 삶은 파스타를 ③과 섞은 후 그릇에 담고, B를 올린다.

아보카도와 치킨 파스타 파에야

파스타는 삶지 않고 부러뜨려 채소와 함께 끓입니다. 완성이 되면 그대로 식탁에
올리면 됩니다. 파스타가 익기 전에 물기가 없어지면 물을 더 넣어 주세요.

가로로 슬라이스

◎ **재료(1인분)**

파스타 … 100g

닭다리살 … 50~60g

⎡ 아보카도 … 1/2개(가로로 슬라이스)

⎢ 토마토 … 1개 / 주키니 … 1/4개

Ⓐ 빨간, 노란 피망 … 각 1/2개

⎢ 만가닥버섯 … 1/4팩

⎣ ※ 각각 1cm 폭으로 깍둑썰기

마늘 … 1쪽(슬라이스) / 고추 … 1개

소금 … 2작은술 / 후추 … 적당량

화이트와인 … 100cc / 사프란[47] … 조금

물, 피자용 치즈, 샐러드유 … 각 적당량

딜 … 기호대로

◎ **만드는 법**

① 닭다리살은 먹기 좋은 크기로 잘라 소금, 후추
   로 밑간을 한다.

② 파에야 팬(또는 프라이팬)에 샐러드유를 두르
   고 중불에 올려 ①을 소테한다.

③ 마늘과 고추를 넣고 향을 낸다. 화이트와인을
   붓고 알코올을 날린다.

④ 5cm 정도로 접어서 자른 파스타를 넣고, 물을
   파스타 위 약 1cm까지 부은 후 중~약불로 끓
   인다. 도중에 사프란을 넣는다.

⑤ Ⓐ와 피자용 치즈를 풍성하게 얹어서 중불로
   5~10분 정도 끓이고, 파스타가 익으면 완성.
   기호에 따라 딜을 뿌린다.

47 saffraan: 붓꽃과의 여러해살이풀로 마늘 비슷한 비늘줄기가 있고 잎은 가늘고 길다.

피자 아보게리타

재료의 맛을 살린 정통 피자. 동그란 아보카도를 올리기만 해도 1단계 마무리.
심플한 토마토소스의 맛이 돋보입니다.

둥글게 도려낸다

◎ 재료(1장분)

시판용 피자빵 반죽(직경 20cm 정도) … 1장
아보카도 … 1/2개
바질 … 큰 잎 1~2장
모차렐라 치즈(또는 피자용 치즈) … 80g
올리브 오일 … 적당량

(토마토소스)
Ⓐ
- 토마토 홀캔 … 1/2캔
- 마늘 … 1쪽(슬라이스)
- 둥글게 편 썬 고추 … 1꼬집
- 소금 … 1작은술
- 올리브 오일 … 5~6큰술

◎ 만드는 법

① 토마토소스 Ⓐ를 만든다. 프라이팬에 올리브 오일을 두르고 마늘과 둥글게 편 썬 고추를 약불에 데운다. 토마토캔과 소금을 넣고 토마토가 부서지지 않도록 한동안 끓인다.

② 피자빵 반죽에 ①을 바르고, 모차렐라 치즈를 엄지손가락 크기만 하게 뜯어 나란히 늘어놓는다.

③ 250℃ 오븐에서 5~7분 굽는다. 6등분으로 자르고, 둥글게 도려낸 아보카도를 올린다.

④ 바질을 장식하고, 올리브 오일을 뿌린다.

POINT
토마토소스의 팁!
끓이는 시간이 짧으면 신선도가 올라가고, 길면 풍미가 깊어집니다.

간단 반미

베트남 샌드위치 반미[48]에도 아보카도를 넣으면 한층 맛있어집니다.
아보카도의 식감이 부드러워 쉽게 먹을 수 있어요.

가로로 슬라이스

◎ **재료(2인분)**

아보카도 … 1개

바게트(약 20~30cm) … 1개

크림치즈 … 적당량 / 당근 … 1/2개

무 … 1/4개 / 햄 … 4장

고수 … 적당량 / 남플라 … 적당량

소금 … 2작은술 / 설탕 … 3작은술

식초 … 6큰술

◎ **만드는 법**

① 당근과 무는 채 썰고, 소금으로 가볍게 문지른 후 물기가 빠질 때까지 놔둔다. 물기를 짜내고 설탕과 식초로 버무린다.

② 아보카도는 가로로 슬라이스한다.

③ 바게트는 1/4로 자르고 가볍게 토스터기로 굽는다. 재료를 끼울 수 있도록 홈을 파고 크림치즈를 바른다.

④ 햄, ①의 나마스, 아보카도, 고수를 끼우고 재료에 남플라를 뿌린다.

48 bánh mì: 바게트를 반으로 가르고 채소 등의
속재료를 넣어 만든 베트남식 샌드위치의 총칭.

아보카도 오코노미야키

프라이팬으로 굽는 간단 오코노미야키[49]. 아보카도가 들어가면 폭신폭신,
말랑말랑하게 구워집니다. 밀가루 반죽은 너무 넓지 않아야 굽기 쉽습니다.

세로로 슬라이스

◎ 재료(2장분)

아보카도 … 1개 / 삼겹살 … 100g
양배추 … 큰 잎 5~6장(250~300g)
파 … 2~3개

ⓐ ┌ 박력분 … 100g / 녹말가루 … 20g
　 └ 베이킹파우더 … 5g

ⓑ ┌ 계란 … 1개 / 소금 … 조금
　 └ 간장, 설탕, 육수(과립) … 각 1작은술

물 … 160~200cc

오코노미야키소스, 샐러드유 … 적당량
마요네즈, 파란 김, 초생강 … 기호대로

49 お好み焼き: 한국의 빈대떡과 비슷한 일본의 부침 요
리로 좋아하는 재료로 만드는 것이 특징.

◎ 만드는 법

① 양배추와 파를 잘게 썰고 삼겹살은 3cm 폭으로 자른다.

② 볼에 ⓐ를 섞고, ⓑ를 넣은 후, 물을 2~3회 나눠 넣으
며 섞는다. 물의 분량은 밀가루 반죽의 단단함을 보고
조정한다. 그리고 양배추와 파를 넣고 섞는다.

③ 프라이팬에 샐러드유를 두르고 중불에 올려 삼겹살을
나란히 놓은 후, ②를 1/2 넣고, 반죽을 넓게 펴면서 중
불로 굽는다.

④ 한쪽 면이 구워졌다 싶으면 반대로 뒤집
고, 세로로 슬라이스한 아보카도를 방사
형으로 늘어놓은 후, 뚜껑을 덮고 3~4분
쪄서 굽는다. 오코노미야키소스를 뿌리고, 기
호에 따라 마요네즈, 파란 김, 초생강을 올린다.

CHAPTER

5

아보카도로 만든
드링크와 디저트!

아보카도로 디저트를!? 조금 의외의 조합이지
만, 역시 과일이니만큼 아보카도는 사실 디저트
에도 딱 맞는 재료입니다. 다른 과일과도 잘 어울
리는 데다 메이플 시럽을 뿌리는 것만으로도 맛
있습니다. 아보카도 디저트의 소프트 그린은 행
복의 색깔이죠. 함께 먹는 사람과의 관계를 돈독
하게 해 줍니다. (물론 혼자 먹어도 좋아요!)

드링크

아보카도 셰이크

시판용 셔벗을 사용합니다.

◎ 재료(1~2인분)
아보카도 ··· 1/2개
시판용 셔벗(오렌지나 레몬을 믹스해서) ··· 50cc
좋아하는 과일 주스 ··· 100cc
슬라이스한 아보카도, 좋아하는 셔벗, 민트잎 ···
기호대로

◎ 만드는 법
① 아보카도는 껍질과 씨를 제거하고, 적당한 크
   기로 자른다.
② 모든 재료를 믹서에 넣어서 섞는다(좋아하는
   농도는 주스 양으로 조절한다). 기호에 따라 슬
   라이스한 아보카도나 셔벗, 민트잎을 올린다.

프로즌 아보가리타

어른을 위한 아보카도 칵테일.

◎ 재료(2인분)
아보카도 ··· 1/2개 / 데킬라 ··· 60cc
라임 ··· 1/2개분 / 자몽 주스 ··· 100cc
검 시럽   ··· 1~2큰술
얼음 ··· 6개 / 소금 ··· 적당량
라임, 민트잎 ··· 기호대로

◎ 만드는 법
① 컵 가장자리를 라임으로 가볍게 문지른다. 접시
   에 소금을 넓게 뿌리고 컵의 가장자리에 묻힌다.
② 믹서에 얼음을 넣어서 간다. 그 외의 재료도 넣
   고 믹서에 넣어 돌린다.
③ ①에 따른 뒤, 기호에 따라 라임, 민트잎을 장식
   한다.

50 gum syrup: 찬 음료에 단맛을 내기 위한 액상의 배합 재료.

아보카도 망고 스무디

트로피컬 느낌이 듬뿍!

◎ **재료(1인분)**
아보카도 … 1/2개 / 망고 … 1/2개
망고 주스 … 100cc(또는 오렌지 주스)
얼음 … 2개
망고, 민트 잎 … 기호대로

◎ **만드는 법**
① 망고는 껍질과 씨를 제거하고, 냉동해 둔다. 아
  보카도는 껍질과 씨를 제거하고 적당한 크기
  로 자른다.
② 믹서에 얼음을 넣고 간다.
③ ②에 ①과 망고 주스를 넣고 믹서로 돌린다(좋
  아하는 농도는 주스 양으로 조절한다). 기호에
  따라 망고나 민트잎을 올린다.

과일 아보믹스 스무디

편의점에서 파는 조각 과일로도 만들 수 있습니다.

◎ **재료(1인분)**
아보카도 … 1/2개
조각 과일 믹스 … 적당량
좋아하는 과일 주스 … 적당량 / 얼음 … 2개
민트잎 … 기호대로

◎ **만드는 법**
① 조각 과일 믹스는 냉동해 둔다. 아보카도는 껍
  질과 씨를 제거하고, 적당한 크기로 자른다.
② 믹서에 얼음을 넣고 간다.
③ ②에 ①과 과일 주스를 넣고 믹서로 돌린다. 기
  호에 따라 남은 과일이나 민트잎을 올린다.

디저트

마체도니아 기호대로

'마체도니아'라는 이름을 가진 프루트펀치[51].
계절 과일로 만드는 건강한 디저트입니다.
화이트와인을 넣으면 어른을 위한 맛이 됩니다.

◎ **재료(4인분)**
아보카도 … 1개
바나나 … 1개
딸기 … 5개
키위 … 1개
오렌지 … 1개
자몽 … 1/2개
포도 … 10~15알
블루베리 … 적당량
꿀 … 3큰술
레몬즙 … 2큰술
탄산음료 … 적당량(진저에일, 소다 등)
민트잎 … 기호대로

◎ **만드는 법**
① 과일은 모두 껍질을 벗기고, 1.5cm 깍둑썰기,
   또는 적당한 크기로 자른다(사진에서는 아보
   카도를 하트모양으로 잘라 장식했다).
② ①에 꿀, 레몬즙을 넣고, 부드럽게 버무린 후 랩
   을 씌우고 냉장고에서 차갑게 식힌다.
③ 그릇에 담고 먹기 직전에 탄산음료를 그릇 반
   정도까지 넣어 살짝 섞는다. 기호에 따라 민트
   잎으로 장식한다.

아보카도와 요거트 젤라토 으깬다

요거트 풍미의 담백한 맛. 아보카도만으로
이렇게 아름다운 색이 나오다니! 중간에 한 번
꺼내어 섞으며 매끄럽게 마무리합니다.

◎ **재료(4인분)**
아보카도 … 2개
플레인 요거트 … 300g
설탕 … 200g
레몬즙 … 2작은술

◎ **만드는 법**
① 체에 키친타월을 깔고, 요거트를 얹어 물기를
   뺀다.
② ①의 1/2과 껍질과 씨를 제거해 적당한 크기로
   자른 아보카도, 그 외의 재료를 푸드 프로세서
   에 넣고, 매끄러워질 때까지 섞는다.
③ ①의 나머지를 넣고 마블 상태가 되도록 거칠
   게 섞고, 깊이가 있는 밀폐 용기나 금속제 접시
   등에 담은 후, 냉동실에 넣어 둔다. 중간에 한
   번 꺼내 섞으면서 5~6시간 냉동해 굳힌다.

---

51 fruit punch: 여러 가지 과일을 잘게 썰어 과즙, 양주, 얼음 등을 섞어 만든 음료.

아보카도 레어치즈케이크

유제품을 사용하지 않았는데도 레어치즈케이크의 맛이 납니다.
그것도 아보카도로 만들다니! 게다가 얼리는 것이라 젤라틴도 필요 없습니다.
적은 재료로 간단하게 만드는 맛있는 디저트입니다.

◎ **재료(4인분)**

아보카도 … 2개
설탕 … 120g
레몬즙 … 1개분
'오레오' 쿠키 … 8개

Ⓐ ┌ (장식)
　　레몬 슬라이스 … 적당량
　　민트 … 적당량
　└ 아보카도 시럽 … 적당량

◎ **만드는 법**

① '오레오' 쿠키를 비닐봉지에 넣고, 밀방망이로 두드려 잘게 부순다.
② 아보카도, 설탕, 레몬즙을 푸드 프로세서로 섞는다.
③ 네모모양의 용기 바닥에 ①을 깔고, 그 위에 ②를 넣은 후 냉동고에서 5~6시간 얼려 굳힌다.
④ 뜨거운 물로 따뜻하게 데운 세르쿠르[52]를 사용해 모양을 낸 뒤, Ⓐ로 장식한다.

[아보카도 절임]

◎ **재료(만들기 쉬운 분량)**

둥글게 도려낸 아보카도 … 적당량
설탕 … 6~8큰술
레몬즙 … 1개분
물 … 400cc

◎ **만드는 법**

① 설탕, 물, 레몬즙을 섞고, 냄비에서 한동안 끓인 뒤 얼린다.
② ①에 아보카도를 절인다. 시럽에 밀착되도록 랩으로 씌운 뒤 1일 동안 절인다.

┌ **P O I N T** ─

모양은 자유자재!
틀로 모양을 내거나 간단하게 잘라도 좋아요. 냉동고에서 꺼내 20~30분 상온에 두고, 반 해동된 상태로 먹으면 맛있습니다. 좋아하는 굳기로 드시면 됩니다. 해동하는 사이에 장식을 해 보세요.

얼굴을 만들어 붙여 본다?
케이크나 쿠키 등에 마무리 재료를 바르는 '아이싱'으로 장식도 할 수 있습니다. 아보카도 절임에 얼굴을 만들어 붙인다면 분명히 아이들도 좋아할 거예요!

52 cercle: 케이크, 무스, 쿠키 등을 만들 때 사용하는 밑 없는 둥근 틀.

마치며

저는 이탈리안 셰프를 목표로 하고 있었지만, 어느새 아보카도로 둘러싸인 삶을 살게 되었습니다.

지금부터 5년 전 지인과 카페를 시작하려고 메뉴를 고심하던 때, 가게의 녹색 벽지를 보고 '아보카도 요리도 좋겠다'라는 생각에 가벼운 마음으로 만들어 봤는데 꽤 맛있었습니다. 보기에도 예쁘고, 생각지도 못하게 식감도 즐거웠습니다. 요리를 시작하면 호화스러운 기분마저 들더군요. 이렇게 맛있는 것이 있었다니! 그 이후 아보카도의 세계에 빠지게 됐죠. 그리고 강심장으로 단판승부를 하자며 시부야에 'madosh!cafe'를 열었고, 주방이 따라갈 수 없을 정도로 아이디어가 솟구쳐 아보카도 바 'sesso matto'를 오픈했습니다. 매일 많은 분들이 아보카도 요리를 즐겨 주셔서 기쁘게 생각하고 있습니다.

저는 DJ로서 음악 활동도 하고 있습니다. DJ는 곡과 곡의 장점을 끌어내면서 믹스하는 일인데, 아보카도는 그야말로 식자재의 DJ가 아닐까요. 변형이 자유로운 데다 다른 식재료의 맛을 끌어내면서 새로운 맛의 세계를 만들어 주니까요. 덕분에 제 아보카도 요리 레퍼토리도 계속 늘어나고 있습니다. 그 레시피는 다음 기회에 보여드리겠습니다.

이 책에 함께해 주신 여러분, 고맙습니다. 많은 도움을 준 우리 스태프, 그리고 때로는 엄하게, 때로는 다정하게 지켜봐 준 아내 레이나에게도 고마움을 전합니다.

행복한 식탁에 아보카도가 있습니다! 행복한 사람은 아보카도를 먹고 있죠! 앞으로도 맛있는 아보카도 요리를 전하고 싶습니다.

사토 슌스케 A.K.A "AvoMASTER"

madosh!cafe

도쿄도 시부야구 진구마에 5-28-7 2층
☎ 03-3400-1188
11:30~21:00 라스트 오더
정기휴일 없음
http://www.mado.in

선택에서 손질, 요리법까지

아보카도와 함께하는 100가지 레시피

발행일 2019년 2월 18일

지은이 사토 슌스케
옮긴이 정혜주
펴낸이 김경미
편집 김유민
디자인 이진미
펴낸곳 숨쉬는책공장
등록번호 제2018-000085호
주소 서울시 은평구 갈현로25길 5-10 A동 201호(03324)
전화 070-8833-3170 **팩스** 02-3144-3109
전자우편 sumbook2014@gmail.com
페이스북 / soombook2014 **트위터** @soombook

값 13,000원 | ISBN 979-11-86452-38-7 04590
잘못된 책은 구입한 서점에서 바꿔 드립니다.

이 도서의 국립중앙도서관 출판시도서목록(CIP)은
서지정보유통지원시스템 홈페이지(http://seoji.nl.go.kr)와
국가자료공동목록시스템(http://www.nl.go.kr/kolisnet)에서
이용하실 수 있습니다.(CIP제어번호:CIP2019003327)

SPECIAL THANKS 佐藤玲奈, 桜井成根, sae, betty, Hissa, Atsushi, ガッキー, Akn,
ユーガ, ヘニ, yumi, Leon, 唐木田巻重, 義家聖太郎, 義家いづみ, ジェニファー

STAFF スタイリング: 本郷由紀子
編集協力: 松田亜子

취재 협력 IPM 니시모토 주식회사 www.ipm.co.jp

365 NICHI AVOCADO NO HON
Copyright © 2013 by Shunsuke SATO
All rights reserved.
Photographs by Kiyu KOBAYASHI
Book design by Emiko MIYAZAKI
First original Japanese edition published by PHP Institute,Inc. Japan.
Korean translation copyright © 2019 by Breathing Book Factory
Korean translation rights arranged with PHP Institute,Inc. Japan.
through CREEK&RIVER Co., Ltd. and Creek & River Entertainment